新时代大学计算机通识教育教材

刘　磊　余丙军　主　编
黄志川　陈靖宇　副主编

Python语言程序设计

清华大学出版社
北　京

内容简介

本书系统全面地介绍了Python程序开发所涉及的各类知识。本书内容包括Python简介、Python程序基础语法、程序的控制结构、函数、模块、字符串、列表、元组、字典、集合、面向对象程序设计、文件与文件夹操作、异常处理与程序调试、综合项目。本书内容与实例紧密结合，有助于学生理解知识、应用知识，达到学以致用的目的。

本书配备了教学视频、所有实例的源代码、精良的电子课件等资源。其中，源代码经过精心测试，能够在Windows 7、Windows 10操作系统中编译和运行。

本书可作为应用型本科院校计算机专业和软件工程专业的教材，也可作为Python爱好者及初中级Python程序开发人员的参考用书。

图书在版编目（CIP）数据

Python语言程序设计 / 刘磊，余丙军主编. -- 北京：清华大学出版社，2025. 1. --（新时代大学计算机通识教育教材）. -- ISBN 978-7-302-68096-3

Ⅰ. TP312.8

中国国家版本馆CIP数据核字第2025ZY8774号

责任编辑：郭　赛
封面设计：常雪影
责任校对：郝美丽
责任印制：沈　露

出版发行：清华大学出版社
网　　址：https://www.tup.com.cn，https://www.wqxuetang.com
地　　址：北京清华大学学研大厦A座　　**邮　　编**：100084
社 总 机：010-83470000　　**邮　　购**：010-62786544
投稿与读者服务：010-62776969，c-service@tup.tsinghua.edu.cn
质量反馈：010-62772015，zhiliang@tup.tsinghua.edu.cn
课件下载：https://www.tup.com.cn，010-83470236
印 装 者：三河市铭诚印务有限公司
经　　销：全国新华书店
开　　本：185mm×260mm　　**印　　张**：12.25　　**字　　数**：297千字
版　　次：2025年2月第1版　　**印　　次**：2025年2月第1次印刷
定　　价：45.00元

产品编号：106188-01

前言

近年来,发展人工智能已经上升为国家战略。Python具有丰富的AI库、机器学习库、自然语言和文本处理库,使其成为适用于人工智能的编程语言之一。此外,Python还可应用于数据分析、组件集成、图像处理、科学计算等众多领域。

为适应跨界创新的需求,不同层次、不同专业的读者迫切需要一种可以更多地专注于解决问题,而不必更多地考虑实现细节的计算机语言,即让计算机语言回归服务的功能。Python就是最佳的选择。

Python以其"简单、优雅、明确、易学"的特性成为人们学习编程的入门级语言。十几万种第三方库形成了Python的"计算生态",推动了Python的发展。

Python在业界得到了广泛的应用,几乎所有大中型互联网企业,如YouTube、豆瓣、知乎、谷歌、雅虎、Meta、百度、腾讯、美团等都在使用Python。

面对诸多的应用需求,以及Python适合于所有专业学生学习的特点,2018年,教育部将Python纳入全国计算机等级考试的范围。相信在未来,Python将得到更好的普及与发展。

编者从教学实践中精选了大量的实例,让读者能全面地了解和学习这门简单、易学的语言。编写本书的教师从"实用、易用、有效"的角度组织内容,以应用为核心展开讲解,力求通过知识的最小集来实现最大范围的应用。

Python可用于脚本程序编写、Web网站开发、文本处理、科学计算、数据分析、数据库应用系统开发等多个领域。

本书共7章,各章主要内容如下。

第1章　Python语言基础。首先简要介绍Python语言的诞生、发展和特点,通过几个简单、有趣、实用的实例展示Python程序的构成,读者在学习具体内容之前尽早对Python语言及其程序结构有总体了解,这样有助于后续章节内容的学习与理解。

其次,重点介绍基本数据类型与表达式;整型、浮点型、布尔型、字符串型等基本数据类型;算术运算符与算术表达式、赋值运算符与赋值表达式、位运算符与位运算表达式,为实际动手编写程序打好基础。

第2章　程序流程控制。结合程序实例详细介绍赋值语句、分支语句、循环语句,以及顺序结构、分支结构、循环结构的程序设计方法,特别强调 Python 语言的特点：多个变量同步赋值、通过严格的缩进构成语句块、循环语句带有 else 子句等内容，简化程序的编写。

Python 的异常处理机制将异常的检测与处理分离，实际上是将功能代码与异常处理代码分开，这样提高了程序的可理解性和可维护性，能够有效保证程序的质量。

第 3 章　函数与模块。本章介绍函数的定义与调用、参数的传递方式、回归函数、局部变量与全局变量、Python 内置函数、Python 内置标准库、第三方库等内容。拥有丰富的内置标准库和第三方库是 Python 的重要特色之一，通过使用标准库和第三方库，用户可有效降低编程的难度和减少编程工作量。

第 4 章　组合数据类型。本章介绍 Python 特有的处理批量数据的数据类型：字符串、列表、元组、字典和集合。Python 提供了灵活、方便的字符串处理方式，字符串具有组合数据类型的部分性质。作为序列数据类型，列表能够简捷、方便地处理一维、二维及多维的批量数据；把元组看作轻量级的列表，对于处理具有不变元素值和不变元素个数的批量数据而言更加简单、高效；字典和集合分别适合处理映射型和集合型批量数据。

第 5 章　类与对象。在简要介绍面向对象程序设计特点的基础上，结合程序实例介绍类与对象、构造函数、继承与派生、多态、运算符重载等内容，帮助读者深入理解面向对象程序设计的基本思想，熟练掌握面向对象程序设计的基本方法，并深入体会面向对象程序设计的优点。

第 6 章　数据存储。本章介绍文件的打开与关闭、文件的读写操作等内容。利用文件可以长久地保存数据，这为处理大批量数据带来了方便。

第 7 章　综合项目——学生成绩管理系统。本章介绍正则表达式模块和操作系统模块的使用。在学生成绩管理系统综合项目中，通过对各功能模块的设计及实现，帮助读者了解项目的完成流程，掌握文件等相关模块在项目中的综合应用。

需要说明的是，对于程序设计知识的学习，教师的讲解是必需的，这样有助于学生较快且准确地理解所学内容，但要想真正深入地理解和掌握程序设计的方法，还需要在教师讲解的基础上多看书、多思考、多编写程序、多上机调试程序。只有多看书、多思考，才能把教师的讲解转化为自己的理解，才能深入理解书中所讲内容的真正含义；只有多编写程序、多上机调试程序，才能准确掌握语法格式及常用的程序设计方法，才能逐渐积累程序调试经验，最终实现“提高程序设计能力、培养程序设计思维”的学习目标。

为方便教师的讲授和学生的学习，本书配有丰富的教学课件和相关源代码，所有程序代码都已上机测试通过。

本书是校企合作成果，由刘磊、余丙军担任主编，黄志川、陈靖宇担任副主编，广东恒电信息科技股份有限公司负责提供案例素材。

本书的编写参考了同类书籍，在此向有关的作者和译者一并表示衷心的感谢。

由于 Python 语言程序设计涉及的内容非常丰富，限于编者水平，书中难免存在不足之处，欢迎读者批评指正。

编　者

2025 年 1 月

目录

第1章 Python语言基础

学习目标

- 了解 Python 的发展和特点。
- 掌握 Python 开发环境的安装及其配置。
- 掌握 Python 程序的执行方式。
- 理解标识符和关键字。
- 掌握 Python 的基本输入和输出。
- 理解 Python 的常量和变量。

Python 是一种面向对象的、解释型的计算机编程语言，可应用于 Web 开发、科学计算、游戏程序设计、图形用户界面等领域。用计算机语言书写的程序称为源程序，也叫源代码。书写程序要注意语句的格式、语法保留字等。本章将帮助我们认识 Python，了解 Python 程序的开发环境，理解 Python 程序的执行过程，介绍如何书写 Python 程序，以及 Python 的标识符和关键字、基本输入与输出、常量、变量、数字类型、数字运算、数据类型操作、运算符、表达式、运算符优先级等。

1.1 程序开发环境

1.1.1 Python 简介

1. Python 的发展

Python 的创作者是 Guido van Rossum，其目标是功能全面、易学易用、可拓展。Python 的第一个公开版本在 1991 年发布。目前，存在 Python 2.x 和 Python 3.x 两个不同系列的版本，彼此之间不兼容。

2. Python 的特点

- 易于学习：Python 有相对较少的关键字，结构简单，语法的定义明确，学习起来更加简单。
- 易于阅读：Python 代码定义得更清晰。
- 易于维护：Python 的源代码是相当容易维护的。
- 丰富的库且跨平台：Python 的最大优势是具有丰富的跨平台的库，在 UNIX、Windows 和 Macintosh 上兼容性很好。
- 互动模式：可以从终端输入执行代码并获得结果，互动地测试和调试代码片段。

- 可移植：基于其开放源代码的特性，Python 已经被移植到许多平台。
- 可扩展：如果需要一段运行很快的关键代码，或者想要编写一些不愿开放的算法，可以使用 C 或 C++ 完成那部分程序，然后从 Python 程序中调用。
- 数据库：Python 提供所有主要的商业数据库的接口。
- GUI 编程：Python 支持 GUI，可以创建和移植到许多系统中调用。
- 可嵌入：可以将 Python 嵌入 C/C++ 程序，让程序用户获得脚本化的能力。

3. Python 的应用

- Web 开发：谷歌爬虫、谷歌广告、YouTube、豆瓣、知乎等都使用 Python 开发。
- 科学运算：美国航空航天局(NASA)使用 Python 进行数据分析和运算。
- 云计算：OpenStack 是一个开源的云计算管理平台项目。
- 系统运维：Python 能够访问 Windows API。
- GUI 编程：简单、快捷地实现 GUI(图形用户界面)程序。

1.1.2 Python 的开发环境

1. Python 3.X 的下载和安装

Python 的官网为 https://www.python.org/。

下载 Windows 操作系统对应的版本，如图 1-1 所示。

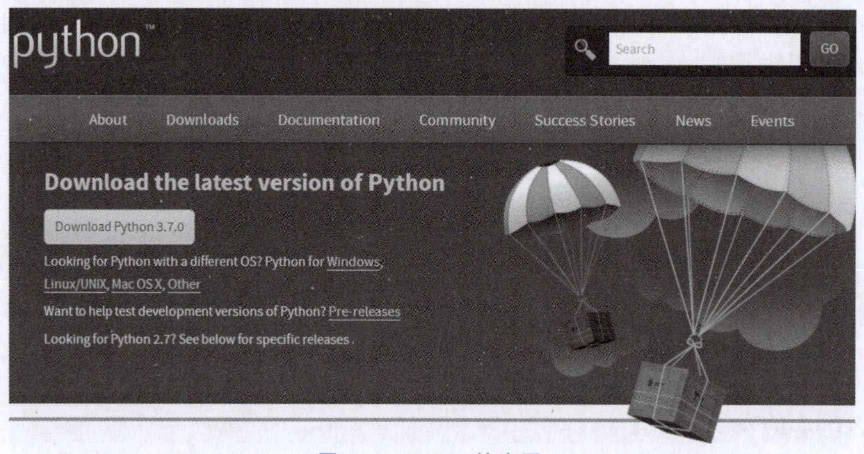

图 1-1 Python 的官网

勾选 Add Python 3.6 to PATH 复选框，将 Python 的可执行文件路径添加到 Windows 操作系统的环境变量 path 中，如图 1-2 所示。

2. Python 3.X 安装完成后进行测试

Python 3.X 安装完成后的测试界面如图 1-3 所示。

3. 内置的 IDLE 开发环境

Python 开发包自带的编辑器 IDLE 是一个集成开发环境，可进行编辑及运行的相关操作，如新建、保存、打开、运行 Python 程序等，如图 1-4 所示。

4. PyCharm 集成开发环境

PyCharm 集成开发环境界面如图 1-5 所示。

Python 3.6.4 (64-bit) Setup
Install Python 3.6.4 (64-bit)
Select Install Now to install Python with default settings, or choose
Customize to enable or disable features.
→ Install Now
C:\Users\wensj\AppData\Local\Programs\Python\Python36
Includes IDLE, pip and documentation
Creates shortcuts and file associations
→ Customize installation
Choose location and features
python
for
windows
Install launcher for all users (recommended)
Add Python 3.6 to PATH
Cancel

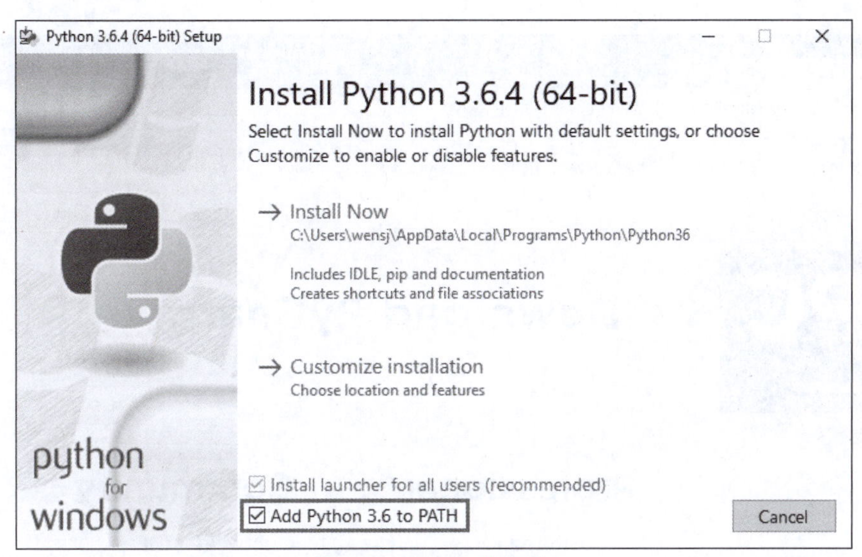

图 1-2　Python 的安装

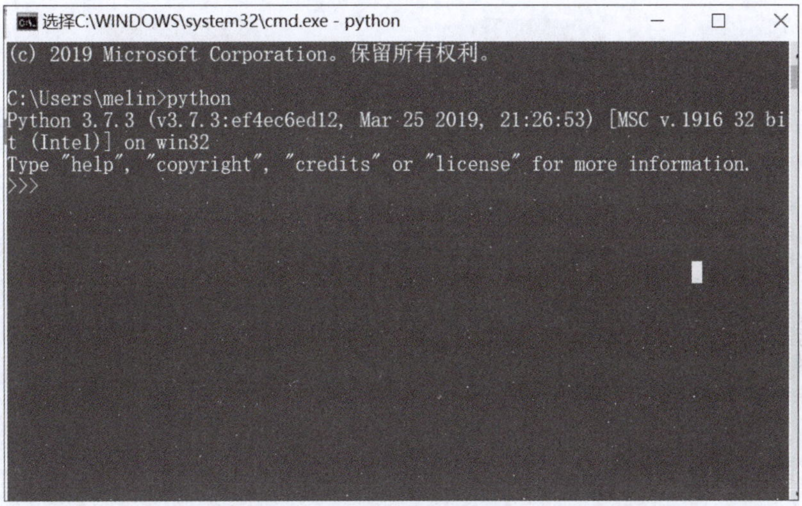

选择C:\WINDOWS\system32\cmd.exe - python
(c) 2019 Microsoft Corporation。保留所有权利。
C:\Users\melin>python
Python 3.7.3 (v3.7.3:ef4ec6ed12, Mar 25 2019, 21:26:53) [MSC v.1916 32 bi
t (Intel)] on win32
Type "help", "copyright", "credits" or "license" for more information.
>>>

图 1-3　Python 的测试

Python 3.7
IDLE (Python 3.7 32-bit)
Python 3.7 (32-bit)
Python 3.7.3 Shell
File Edit Shell Debug Options Window Help
Python 3.7.3 (v3.7.3:ef4ec6ed12, Mar 25 2019, 21:26:53) [MSC v.1916 32 bit (Inte
l)] on win32
Type "help", "copyright", "credits" or "license()" for more information.
>>>
Ln: 3 Col: 4

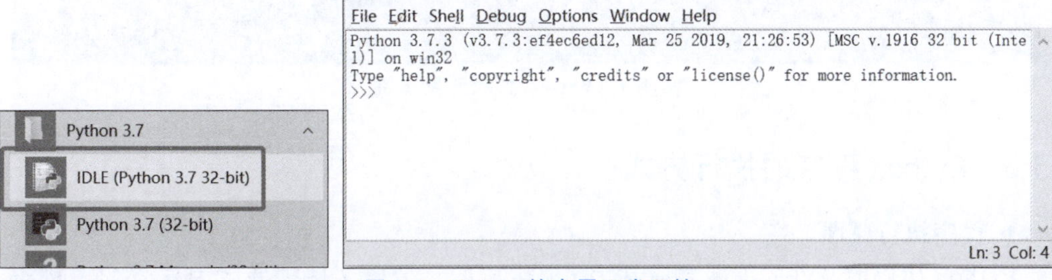

图 1-4　Python 的内置开发环境

5. VScode 集成开发环境

VScode 集成开发环境的界面如图 1-6 所示。

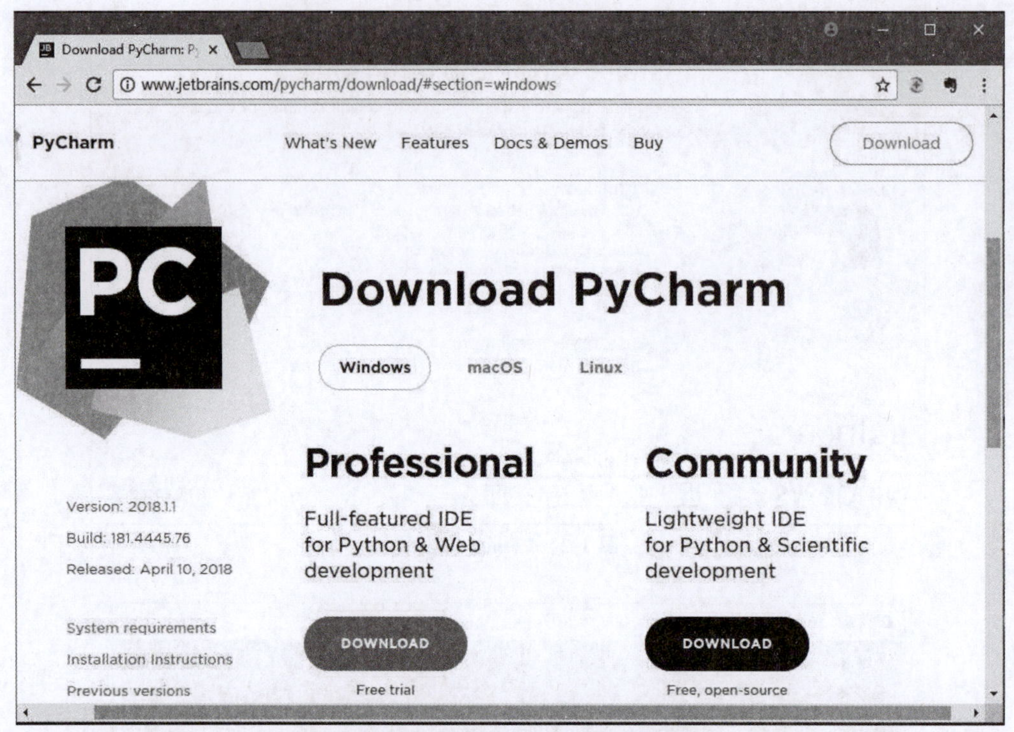

图 1-5 PyCharm 集成开发环境

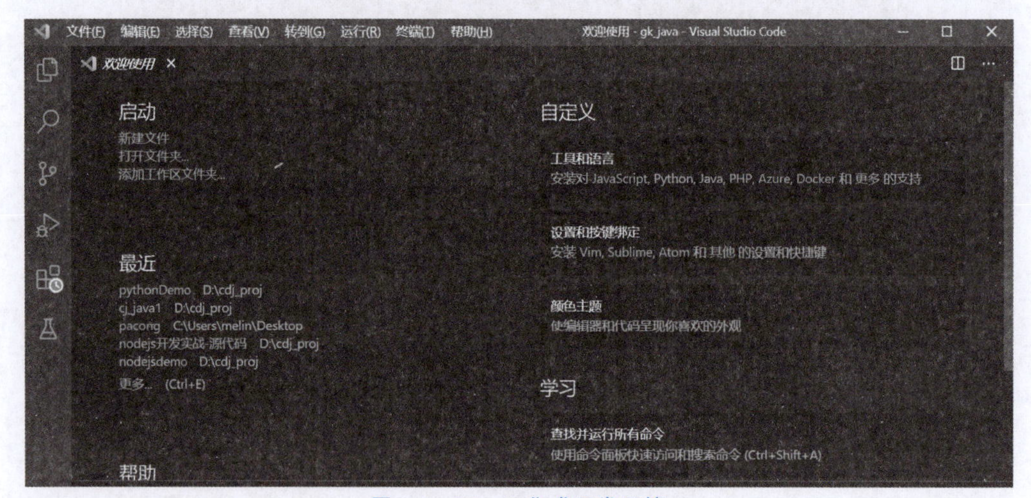

图 1-6 VScode 集成开发环境

1.1.3 Python 程序的执行方式

1. 程序执行原理

Python 代码源文件的扩展名通常为 py，生成的字节码文件扩展名为 pyc。PVM 逐条将字节码翻译成机器指令执行(图 1-7)。pyc 文件保存在 Python 安装目录的__pycache__文件夹下。

源代码
.py文件
Python解释器
字节码
.pyc文件
Python虚拟机
（PVM）

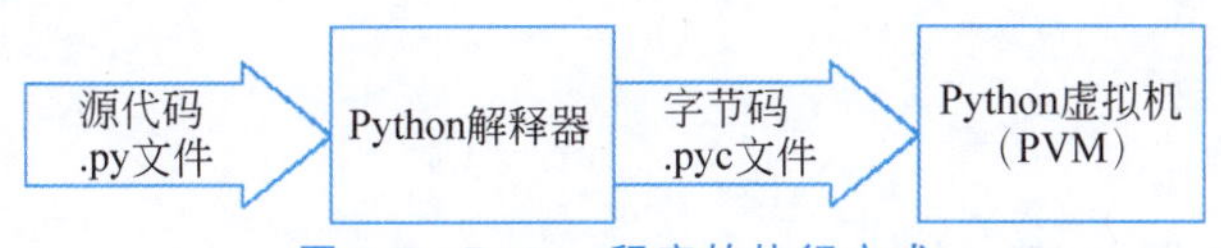

图 1-7　**Python 程序的执行方式**

(1) 交互式解释器

在 Python 交互式解释器中编写和执行 Python 代码，如图 1-8 所示。

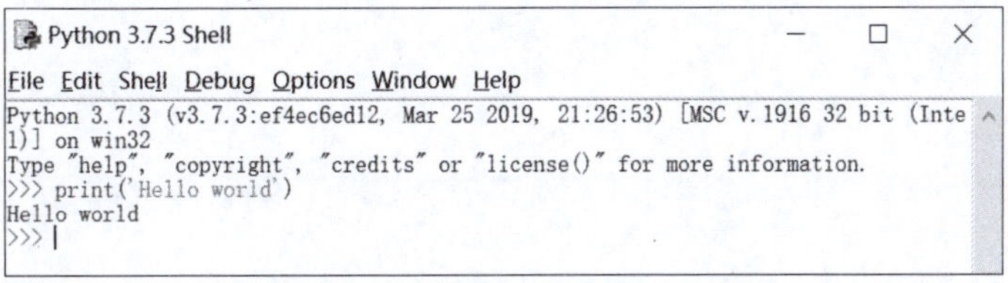

Python 3.7.3 Shell
File Edit Shell Debug Options Window Help
Python 3.7.3 (v3.7.3:ef4ec6ed12, Mar 25 2019, 21:26:53) [MSC v.1916 32 bit (Inte
l)] on win32
Type "help", "copyright", "credits" or "license()" for more information.
>>> print('Hello world')
Hello world
>>> |

图 1-8　**Python 程序的执行方式(1)**

(2) 命令行

在命令行中执行 Python 脚本，如图 1-9 所示。

C:\WINDOWS\system32\cmd.exe
Microsoft Windows [版本 10.0.18363.1198]
(c) 2019 Microsoft Corporation。保留所有权利。
C:\Users\melin>python helloWorld.py
Hello world
C:\Users\melin>

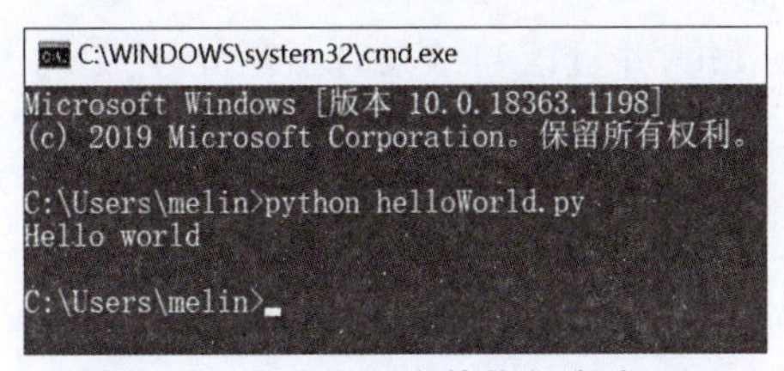

图 1-9　**Python 程序的执行方式(2)**

(3) 集成开发环境

集成开发环境中 Python 程序的执行方式如图 1-10 所示。

文件(F) 编辑(E) 选择(S) 查看(V) 转到(G) 运行(R) 终端(T) 帮助(H)
helloWorld.py - melin - Visu
资源管理器
打开的编辑器
MELIN
NetHood
OneDrive
Pictures
PrintHood
Recent
Saved Games
Searches
SendTo
Templates
Videos
.dbshell
.mongorc.js
.node_repl_history
helloWorld.py
NTUSER.DAT
helloWorld.py
helloWorld.py
1 print('Hello world')
终端 调试控制台 问题 输出
PS C:\Users\melin> & 'D:\Python37-32\python.exe' 'c:\Users\
1526539\pythonFiles\lib\python\debugpy\launcher' '52580' '--'
Hello world
PS C:\Users\melin>

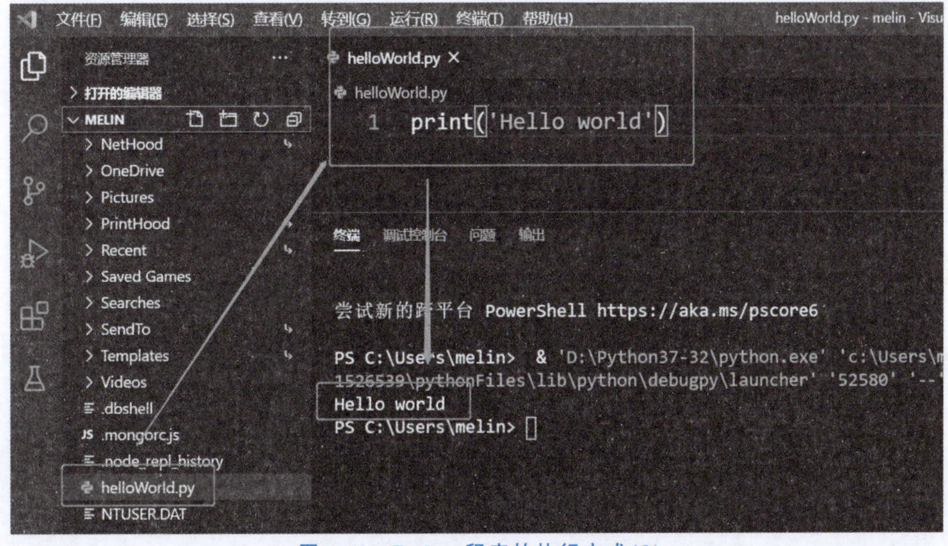

图 1-10　**Python 程序的执行方式(3)**

1.2 初识程序

1.2.1 程序的书写规范

1. Python 程序

```
x=5
if x>100:
y=x*5-1                                    #单行注释:x>100 时执行该语句
else:
y=0                                        #x<=100 时执行该语句
print(y)                                   #输出 y
```

2. Python 的语句

- 通常一行书写一条语句。
- 如果一行内写多条语句,要使用分号分隔。
- 建议每行只写一条语句,并且语句结束时不写分号。
- 如果一条语句过长,可以在语句的外部加上一对圆括号。
- 使用"\"(反斜线)来实现分行书写功能。
- 写在[]、{}内的跨行语句被视为一行语句。

3. 代码块与缩进

代码块也称为复合语句,由多行代码组成。Python 中的代码块使用缩进来表示。

缩进是指代码行前部预留若干空格。要求同一个代码块的语句必须包含相同的缩进空格数,并且 Python 语句行缩进的空格数是可调整的。

4. 注释

注释用于说明程序或语句的功能。Python 的注释分为单行注释和多行注释:

- 单行注释以"#"开头,可以是独立的一行,也可以附在语句的后部;
- 多行注释可以使用 3 个引号(英文的单引号或双引号)作为开始和结束符号。

5. 文档注释

程序文件开头的三引号注释称为文档注释。

文档注释一般用于说明程序的作用。

文档注释可用模块的__doc__属性来访问。

```
>>>import test1
<class'str'>
>>>test1.__doc__
"这是三引号字符串注释\nifx>0:\nprint(x,'是正数')\nelse:\nprint(x,'不是正数')\n 注
释结束"
```

1.2.2　标识符和关键字

1. 标识符

用户定义的、由程序使用的符号都是标识符。标识符由字母、数字和下画线“_”组成，且不能以数字开头，区分大小写，没有长度限制。不能使用计算机语言中预留的有特殊作用的关键字；其命名还要做到顾名思义。

- Python 中合法的标识符，如 myVar、_Variable、姓名。
- Python 中非法的标识符，如 2Var、vari＃able、finally、stu@lnnu。

2. 关键字

Python 保留某些单词用作特殊用途，这些单词称为关键字，也叫保留字。用户定义的标识符(变量名、方法名等)不能与关键字相同，见表 1-1。

表 1-1　Python 中的关键字

and	as	assert	break	class	continue
def	del	elif	else	except	False
finally	for	from	global	if	import
in	is	lambda	nonlocal	not	or
None	pass	raise	return	True	try
while	with	yield			

1.2.3　Python 的基本输入和输出

1. 基本输入

Python 使用 input()函数输入数据，其基本语法格式如下。

```
变量=input('提示字符串')
```

其中，变量和提示字符串均可省略。

函数将用户输入的内容作为字符串返回。

用户按 Enter 键结束输入，Enter 键之前的全部字符均作为输入内容。

指定变量时，变量会保存输入的字符串。

示例代码如下。

```
>>>a=input('请输入数据:')
请输入数据:'abc'123,456"python"
>>>a
'\'abc\'123,456"python"'
```

如果需要输入整数或小数，则应使用 int()或 float()函数转换数据类型，示例代码如下。

```
>>>a=input('请输入一个整数:')
请输入一个整数:5
>>>a                              #输出 a 的值,可看到输出的是一个字符串
'5'
>>>a+1                            #因为 a 中是一个字符串,试图执行加法运算,所以出错
Traceback(most recent call last):
File"<stdin>",line1,in<module>
TypeError:Can't convert 'int' object to strimplicitly
>>>int(a)+1                       #将字符串转换为整数再执行加法运算,执行成功
6
```

在输入数据时,可按 Ctrl+Z 组合键中断输入,如果输入了其他字符,此时 Ctrl+Z 组合键和输入内容会作为字符串返回;如果没有输入任何数据,则会产生 EOFError 异常。

示例代码如下。

```
>>>a=input('请输入数据:')    #有数据时,^Z 作为输入数据,不会出错
请输入数据:1231abc^Z
>>>a
'1231abc\x1a'
>>>a=input('请输入数据:')
请输入数据:^Z
Traceback(most recent call last):
  File "<stdin>",line 1,in <module>
EOFError
```

eval()函数可返回字符串的内容,相当于去掉字符串的引号。

示例代码如下。

```
>>>a=eval('123')                             #等同于 a=123
>>>a
123
>>>type(a)
<class'int'>
>>>x=10
>>>a=eval('x+20')                            #等同于 a=x+20
>>>a
30
```

在输入整数或小数时,可使用 eval()函数来执行转换。

示例代码如下。

```
>>>a=eval(input('请输入一个整数或小数:'))
请输入一个整数或小数:12
>>>a
12
>>>type(a)
<class'int'>
```

2. 基本输出

Python 3 使用 print()函数输出数据,其基本语法格式如下。

```
print([obj1,…][,sep=''][,end='\n'][,file=sys.stdout])
```

(1) 省略所有参数

print()函数的所有参数均可省略。

无参数时，print()函数输出一个空行，示例代码如下。

```
>>>print()
```

(2) 输出一个或多个数据

print()函数可同时输出一个或多个数据。

示例代码如下。

```
>>>print(123)                              #输出一个数据
123
>>>print(123,'abc',45,'book')              #输出多个数据
123 abc 45 book
```

在输出多个数据时，默认使用空格作为输出分隔符。

(3) 指定输出分隔符

print()函数的默认输出分隔符为空格，可用 sep 参数指定分隔符号。

示例代码如下。

```
>>>print(123,'abc',45,'book',sep='#')   #指定用符号"#"作为输出分隔符
123#abc#45#book
```

(4) 指定输出结尾符号

print()函数默认以回车换行符作为输出结尾符号，即在输出所有数据后会换行。后续的 print()函数在新行中继续输出。

可以用 end 参数指定输出结尾符号。

示例代码如下。

```
>>>print('price');print(100)               #默认输出结尾，两个数据输出在两行
price
100
>>>print('price',end='_');print(100)       #指定下画线为输出结尾，两个数据输出在一行
price_100
```

(5) 输出到文件

print()函数默认输出到标准输出流，即 sys.stdout。

在 Windows 命令提示符窗口中运行 Python 程序或在交互环境中执行命令时，print()函数会将数据输出到命令提示符窗口。

可用 file 参数指定将数据输出到文件，示例代码如下。

```
>>>file1=open(r'd:\data.txt','w')                    #打开文件
>>>print(123,'abc',45,'book',file=file1)             #用 file 参数指定输出文件
>>>file1.close()                                     #关闭文件
```

1.2.4 Python 的常量

常量一般是指不需要改变也不能改变的字面值,常量一旦初始化,就不能修改。例如:数字 5,字符串"abc"都是常量。Python 中并没有提供定义常量的保留字。与变量对比,常量是一块只读的内存区域,因此常量一旦被初始化,就不能再被改变。

1.2.5 Python 的变量

变量是计算机内存中的一块区域,变量可以存储规定范围内的值,而且值可以改变。基于变量的数据类型,解释器会分配指定内存,并决定什么数据可以被存储在内存中。Python 中的变量不需要声明,变量的赋值操作即变量的声明和定义的过程。每个变量在内存中的创建都包括变量的标识、名称和数据这些信息(图 1-11)。

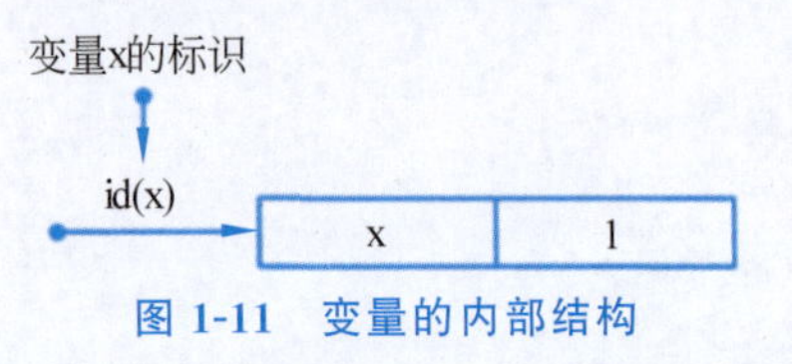

图 1-11 变量的内部结构

变量用标识符来命名,变量名区分大小写。Python 定义变量的格式为

```
varName=value
```

其中,varName 是变量名字,value 是变量的值,这个过程称为变量赋值,“=”称为赋值运算符,用来把“=”后面的值传递给前面的变量名。

计算机语言中的“赋值”是一个重要的概念,x=8 的含义是将 8 赋予变量 x;x=x+1 的含义是将 x 加 1 之后的值赋予 x,x 的值是 9。

1. 变量的赋值

Python 变量具有类型,变量的类型由所赋的值来决定。

Python 定义了一个变量,并且该变量存储了数据,那么变量的数据类型就已经确定了,系统会自动识别变量的数据类型。

```
x=8                                     #x 是整型数据
x="Hello"                               #则 x 是一个字符串类型
```

查看变量的类型使用函数 type(varName)。

实例 1-2-1 ex1-2-1.py

```
#实例 1-2-1:ex1-2-1.py
num=1
#输出变量 num 的值
print("num="+str(num))
#输出表达式(num+1)的值
print("num+1="+str(num+1))
```

运行结果:

```
num=1
num+1=2
```

说明：

① “#”为行注释符号，“#”后的内容为代码注释，以便阅读和理解代码；

② 在 print("num="+str(num))代码语句中，“+”为字符串连接符，str()函数一般把数值转换为字符串。

上例中有一条赋值语句 num=1，在 Python 中，一次新的赋值将创建一个新的变量。即使变量的名称相同，变量的标识(变量的内存地址)也会不同。

实例 1-2-2　ex1-2-2.py

```
#实例 1-2-2:ex1-2-2.py
print("========第一次赋值========")
#变量 num 第一次赋值
num=1
#输出变量 num 的值
print("num="+str(num))
#打印变量 num 的标识(地址)
print("id(num)="+str(id(num)))
print("========第二次赋值========")
#变量 num 再次赋值,定义一个新变量 num
num=2
#输出变量 num 的值
print("num="+str(num))
#此时的变量 num 已经是一个新的变量
print("id(num)="+str(id(num)))
```

运行结果：

```
========第一次赋值========
num=1
id(num)=2013018368
========第二次赋值========
num=2
id(num)=2013018384
```

注：

① id(object)用来返回对象 object 的内存地址；

② 变量不仅能重新赋相同类型的值，还可以赋新类型的值。把上例中的变量 num 赋值为字符串，此时 num 又将成为一个新的变量，而且变量类型也由于所赋值的数据类型的改变而改变。

实例 1-2-3　ex1-2-3.py

```
#实例 1-2-3:ex1-2-3.py
print("========第一次赋值========")
#变量 var 第一次赋值
var=1
#输出变量 var 的值
print("var="+str(var))
#打印变量 var 的标识
print("id(var)="+str(id(var)))
```

```
print("========第二次赋值========")
#变量 var 再次赋值,定义一个新变量 var
var=2
#输出变量 x 的值
print("var="+str(var))
#此时的变量 var 已经是一个新的变量
print("id(var)="+str(id(var)))
print("========第三次赋值========")
#变量 var 再次赋值为字符串类型,定义一个新变量 var
var="Python"
#输出变量 x 的值
print("var="+var)
#此时的变量 var 已经是一个新的变量
print("id(var)="+str(id(var)))
```

运行结果：

```
========第一次赋值========
var=1
id(var)=2013018368
========第二次赋值========
var=2
id(var)=2013018384
========第三次赋值========
var=Python
id(var)=6872512
```

注：不同系统(不同计算机)的运行结果是不同的,这里的不同是指 id(var)的数值不同,也就是变量的内存地址有差异,对应的变量值是一样的。

在 Python 中定义变量名时,需要遵循以下规则。

① 变量名必须以字符(大小写字母和中文均可)、下画线(_)开头。

虽然 Python 3.x 的变量名支持中文,但建议最好不要使用中文作为变量名,否则不但会在编写程序时不方便输入,而且会降低程序的可移植性,更不符合程序员的编码习惯。

② 变量名只能由字符、数字、下画线组成。

③ 变量名区分大小写。

④ 变量名不能与 Python 内建的保留字相同。

1.3 数据类型

1.3.1 数字类型

1. 整数类型

整数类型可细分为整型(int)和布尔型(bool)。整数常量是不带小数点的数,例如 123、−12、0、999999 等。Python 3 不再区别整数和长整数,只要计算机的内存空间足够,整数理论上可以是无穷大。

例如,在交互模式下分别输出 2 的 100 次方和 9 的 100 次方。

```
>>>2**100
1267650600228229401496703205376
>>>9**100
265613988875874769338781322035779626829233452653394495974574961739092490901302
182994384699044001
```

一般的整数常量都是十进制的。

Python 还允许将整数常量表示为二进制、八进制和十六进制。

二进制：以 0b 或 0B 开头，后面跟二进制数字(0 或 1)，例如 0b101、0B11。

八进制：以 0o 或 0O 开头，后面跟八进制数字(0~7)，例如 0o15、0O123。

十六进制：以 0x 或 0X 开头，后面跟十六进制数字[0~9、A~F(或 a~f)]，例如 0x12AB、0x12ab。

不同进制只是整数的不同书写形式，程序运行时会将整数处理为十进制数。

布尔型常量也称逻辑常量，只有 True 和 False 两个值。

将布尔型常量转换为整数时，True 转换为 1，False 转换为 0。

将布尔常量转换为字符串时，True 转换为"True"，False 转换为"False"。

在 Python 中，因为布尔型是整数的子类型，所以逻辑运算和比较运算均可归入数字运算。

2. 浮点数类型

浮点数类型的名称为 float。12.5、2.、.5、3.0、1.23e+10、1.23E−10 等都是合法的浮点数常量。与整数不同，浮点数存在取值范围，超过取值范围会产生溢出错误(OverflowError)。浮点数的取值范围为−10308~10308。

3. 复数类型

复数类型的名称为 complex。复数常量表示为"实部+虚部"形式，虚部以 j 或 J 结尾，例如 2+3j、2−3J、2j。可用 complex()函数来创建复数，其基本格式为

```
complex(实部,虚部)
```

示例代码如下：

```
>>>complex(2,3)
(2+3j)
```

4. 小数

因为计算机硬件的特点，浮点数不能执行精确运算。

示例代码如下：

```
>>>0.3+0.3+0.3+0.1                          #计算结果并不是 1.0
0.9999999999999999
>>>0.3-0.1-0.1-0.1                          #计算结果并不是 0
-2.7755575615628914e-17
```

自 Python 2.4 开始引入了一种新的数字类型——小数对象。

小数可以看作固定精度的浮点数，它有固定的位数和小数点，可以满足要求精度的计算。

(1) 创建和使用小数对象

小数对象使用 decimal 模块中的 Decimal 类创建。

示例代码如下：

```
>>>from decimal import Decimal                    #从模块导入函数
>>>Decimal('0.3')+Decimal('0.3')+Decimal('0.3')+Decimal('0.1')
Decimal('1.0')
>>>Decimal('0.3')-Decimal('0.1')-Decimal('0.1')-Decimal('0.1')
Decimal('0.0')
>>>type(Decimal('1.0'))
<class'decimal.Decimal'>
```

(2) 小数的全局精度

全局精度指作用于当前程序的小数的有效位数设置，默认全局精度为 28 位有效数字。

可使用 decimal 模块中的上下文对象来设置小数的全局精度。

首先，调用 decimal 模块的 getcontext()函数获得当前的上下文对象，再通过上下文对象的 prec 属性设置全局精度。

示例代码如下：

```
>>>from decimal import *                          #导入模块
>>>Decimal('1')/Decimal('3')                      #用默认精度计算小数
Decimal('0.3333333333333333333333333333')
>>>context=getcontext()                           #获得上下文对象
>>>context.prec=5                                 #设置全局小数精度为 5 位有效数字
>>>Decimal('1')/Decimal('3')
Decimal('0.33333')
>>>Decimal('10')/Decimal('3')
Decimal('3.3333')
```

(3) 小数的临时精度

临时精度在 with 模块中使用。首先，调用 decimal 模块的 localcontext()函数返回本地上下文对象，再通过本地上下文对象的 prec 属性设置临时精度。

示例代码如下：

```
>>>with localcontext() as local:
...   local.prec=3
...   Decimal('1')/Decimal('3')
...   Decimal('10')/Decimal('3')
...
Decimal('0.333')
Decimal('3.33')
```

5. 分数

分数是 Python 2.6 和 3.0 版本引入的新类型。分数对象明确地拥有一个分子和分母，分子和分母保持最简。使用分数可以避免浮点数的不精确性。分数使用 fractions 模块中

的 Fraction 类来创建，其基本语法格式为

```
x=Fraction(a,b)
```

其中，a 为分子，b 为分母，Python 会自动将其计算为最简分数。

示例代码如下：

```
>>>from fractions import Fraction          #从模块导入函数
>>>x=Fraction(2,8)                         #创建分数
>>>x
Fraction(1,4)
>>>x+2                                     #计算 1/4+2
Fraction(9,4)
>>>x-2                                     #计算 1/4-2
Fraction(-7,4)
>>>x*2                                     #计算 1/4*2
Fraction(1,2)
>>>x/2                                     #计算 1/4 除以 2
Fraction(1,8)
```

1.3.2　数字运算

1. 数字处理

Python 在 math 模块中提供了常用的数学常量和函数，要使用这些函数，需要先导入 math 模块，即

```
import math
```

查看 math 包中的内容（表 1-2）：

```
>>>import math
>>>dir(math)
['__doc__','__file__','__loader__','__name__','__package__','__spec__','acos',
'acosh','asin','asinh','atan','atan2','atanh','ceil','copysign','cos','cosh',
'degrees','e','erf','erfc','exp','expm1','fabs','factorial','floor','fmod',
'frexp','fsum','gamma','gcd','hypot','inf','isclose','isfinite','isinf','isnan',
'ldexp','lgamma','log','log10','log1p','log2','modf','nan','pi','pow','radians',
'sin','sinh','sqrt','tan','tanh','tau','trunc']
```

表 1-2　math 模块中的常用函数

math.hypot(x,y)	返回欧几里得范数
math.isinf(x)	如果 x=±inf，即 x 是正或负无穷大时，返回 True
math.isnan(x)	如果 x =NaN(not a number) 返回 True
math.ldexp(m,n)	返回 m×2n，与 frexp()是反函数
math.log(x,a)	返回 a 为底的 x 的对数，若不写 a 内定 e

续表

math.log10(x)	返回 10 为底的 x 的对数
math.loglp(x)	返回 1+x 的自然对数(以 e 为底)
math.modf(x)	返回 x 的小数部分与整数部分
math.pi	返回常数 π(3.14159…)
math.pow(x,y)	返回 x 的 y 次幂
math.radians(d)	将 d(角度)转成弧长,与 degrees()为反函数
math.sin(x)	返回 x 的正弦值
math.sinh(x)	返回 x 的双曲正弦值
math.sqrt(x)	返回 x 的平方根
math.tan(x)	返回 x 的正切值
math.tanh(x)	返回 x 的双曲正切值
math.trunc(x)	返回 x 的整数部分,等同 int

示例代码如下:

```
import math  #This will import math module
print"math.sqrt(100):",math.sqrt(100)
print"math.sqrt(7):",math.sqrt(7)
print"math.sqrt(math.pi):",math.sqrt(math.pi)
```

运行结果:

```
math.sqrt(100):10.0
math.sqrt(7):2.64575131106
math.sqrt(math.pi):1.77245385091
```

1.3.3 数据类型操作

1. 类型判断

可以用 type()函数查看数据类型,示例代码如下:

```
>>>type(123)
<class'int'>
>>>type(123.0)
<class'float'>
```

2. 类型转换

(1) 转换整数

可以使用 int()函数将一个字符串按指定进制转换为整数。

int()函数的基本格式为

```
int('整数字符串',n)
```

int()函数按进制将整数字符串转换为对应的整数，示例代码如下：

```
>>>int('111')                              #默认按十进制转换
111
>>>int('111',2)                            #按二进制转换
7
>>>int('111',8)                            #按八进制转换
73
>>>int('111',10)                           #按十进制转换
111
>>>int('111',16)                           #按十六进制转换
273
>>>int('111',5)                            #按五进制转换
31
```

int()函数的第一个参数只能是整数字符串，即第一个字符可以是正负号，其他字符必须是数字，不能包含小数点或其他符号，否则会出错，示例代码如下：

```
>>>int('+12')                              #12
>>>int('-12')                              #-12
>>>int('12.3')                             #字符串中包含小数点,错误
Traceback(most recent call last):
File "<stdin>",line 1,in <module>
ValueError:invalid literal for int() with base 10:'12.3'
>>>int('123abc')                           #字符串中包含字母,错误
Traceback(most recent call last):
File "<stdin>",line 1,in <module>
ValueError:invalid literal for int() with base 10:'123abc'
```

（2）转换浮点数

float()函数可将整数和字符串转换为浮点数，示例代码如下：

```
>>>float(12)
12.0
>>>float('12')
12.0
>>>float('+12')
12.0
>>>float('-12')
-12.0
```

（3）转换字符串

str()和 repr()函数可将数据转换为字符串，内置函数 bin()、oct()和 hex()用于将整数转换为对应进制的字符串。

示例代码如下：

```
>>>bin(50)                                 #转换为二进制字符串
'0b110010'
```

```
>>>oct(50)                                  #转换为八进制字符串
'0o62'
>>>hex(50)                                  #转换为十六进制字符串
'0x32'
```

1.4 运算符和表达式

1.4.1 运算符

1. 算术运算符

完成数学中的加、减、乘、除四则运算。算术运算符包括+(加)、-(减)、*(乘)、/(除)、%(求余)、**(求幂)、//(整除)。其中,幂运算返回 a 的 b 次幂。

示例代码如下:

```
>>>x1=17
>>>x2=4
>>>result3=x1 * x2                          #68
>>>result4=x1/x2                            #4.25
>>>result5=x1%x2                            #1
>>>result6=x1**x2                           #835221
>>>result7=x1//x2                           #4
```

2. 比较运算符

比较运算符包括>(大于)、<(小于)、>=(大于或等于)、<=(小于或等于)、==(等于)和!=(不等于),多用于数值型数据的比较,有时也用于字符串数据的比较。比较结果返回 True 或 False。

示例代码如下:

```
>>>x='student'
>>>y="teacher"
>>>x>y                                      #False
>>>len(x)==len(y)                           #True
>>>x!=y                                     #True
```

3. 逻辑运算符

逻辑运算符包括 and、or、not,分别表示逻辑与、逻辑或、逻辑非,运算的结果是布尔值 True 或 False。以 x=11,y=0 为例,其逻辑运算结果如表 1-3 所示。

表 1-3 Python 的逻辑运算

运算符	表达式	描　　述	示　　例
and	x and y	x,y 有一个为 False,逻辑表达式的值为 False	x and y,值为 False
or	x or y	x,y 有一个为 True,逻辑表达式的值为 True	x or y,值为 True
not	not x	x 值为 True,逻辑表达式的值为 False,x 值为 False,逻辑表达式的值为 True	not x,值为 False not y,值为 True

4. 赋值运算符

赋值运算符如表 1-4 所示。

表 1-4　Python 的赋值运算

运　算　符	示　　例	等　价　于	结　　果
=	num = 7	num = 7	7
+=	num += 2	num = num + 2	9
−+	num −= 2	num = num − 2	5
*=	num *= 2	num = num * 2	14
/=	num /= 2	num = num / 2	3.5
%=	num %= 2	num = num % 2	1
//=	num //= 2	num = num // 2	3
**=	num **= 2	num = num ** 2	49
&=	num &= 2	num = num & 2	2
|=	num |= 2	num = num | 2	7
^=	num ^= 2	num = num ^ 2	5
>>=	num >>= 2	num = num >> 2	1

5. 位运算符

位运算符用于对整数中的位进行测试、置位或移位处理，可以对数据进行按位操作。

位运算符有 6 个，即～(按位取反)、&(按位与)、|(按位或)、^(按位异或)、>>(按位右移)、<<(按位左移)。

1.4.2　表达式

1. 算术表达式

算术表达式是常用的表达式，又称数值表达式，它是通过算术运算符来进行运算的数学公式，示例代码如下：

```
>>>2.76/1.2                                  #2.3
>>>25 mod 4                                  #1
```

2. 关系表达式

关系表达式指通过关系运算符来进行运算的公式，关系运算符用于两个表达式的比较，若比较结果为真，则返回 True；若比较结果为假，则返回 False，示例代码如下：

```
>>>2>=3                                      #False
>>>2>=2                                      #True
```

3. 逻辑表达式

逻辑表达式指通过逻辑运算符来进行运算的公式，示例代码如下：

```
>>>a=10
>>>b=0
>>>a>5 and b<25                                    #True
```

1.4.3 运算符的优先级

表达式中的运算符是存在优先级的，优先级是指在同一表达式中多个运算符被执行的次序，在计算表达式值时，应按运算符优先级由高到低的次序执行（表 1-5）。

表 1-5 运算符的优先级

优先次序	运 算 符	优先次序	运 算 符
1	**（指数）	8	|
2	~（按位取反） +（正数） -（负数）	9	< > <= >=
3	* / % //	10	== !=
4	+ -	11	= += -= *= /= %= //=
5	>>（右移） <<（左移）	12	not
6	&	13	and or
7	^		

1.4.4 表达式和语句的区别

表达式(Expression)有值，而语句(Statement)不总有。

表达式可被求值，它可写在赋值语句等号的右侧。而语句不一定有值，所以像 import、for 和 break 等语句就不能被用于赋值。

表达式本身可以作为表达式语句，也能作为赋值语句的右值或 if 语句的条件等，所以表达式可以作为语句的组成部分，但不是必需成分（例如 continue 语句）。

1.5 实践项目

1.5.1 项目一：根据身高、体重计算 BMI 指数

1. 项目要求

定义两个变量，用于记录身高（单位：m）以及体重（单位：kg），根据公式 BMI＝体重/(身高 * 身高)计算 BMI 指数。

2. 项目参考代码

```
#实例 1-5-1:ex1-5-1.py
height=1.68                          #保存身高的变量,单位:m
print("您的身高:"+str(height))
weight=48.5                          #保存体重的变量,单位:kg
```

```
print("您的体重:"+str(weight))
bmi=weight/(height*height)                    #用于计算 BMI 指数,公式为“体重/身高的平方”
print("您的 BMI 指数为:"+str(bmi))             #输出 BMI 指数
#判断身材是否合理
if bmi<18.5:
    print("您的体重太轻了!")
if bmi>=18.5 and bmi<24.9:
    print("正常范围,注意保持。")
if bmi>=24.9 and bmi<29.9:
    print("您的体重太重了!")
if bmi>=29.9:
    print("过度肥胖!!!")
```

3. 项目运行结果

```
您的身高:1.68
您的体重:48.5
您的 BMI 指数为:17.183956916099778
您的体重太轻了!
```

1.5.2　项目二：计算成绩平均分以及比较大小

1. 项目要求

假设某学生的专业课成绩如下：

```
专业课  成绩
Python  95
Java    90
C 语言  88
```

首先定义 3 个变量分别存储各门课程的分数成绩，然后应用加法运算符和除法运算符计算 3 门专业课的平均成绩，最后输出计算结果，使用 Python 中的各种比较运算符对它们的大小关系进行比较。

2. 项目参考代码

```
#实例 1-5-2:ex1-5-2.py
python=95                                              #定义变量,存储 Python 的分数
Java=90                                                #定义变量,存储 Java 的分数
C=88                                                   #定义变量,存储 C 语言的分数
avg=(python+Java+C)/3                                  #计算平均成绩
print("3 门专业课的平均分:"+str(avg)+"分")
#输出 3 个变量的值
print("python="+str(python)+"Java="+str(Java)+"C="+str(C)+"\n")
print("python<Java 的结果:"+str(python<Java))          #小于操作
print("python>Java 的结果:"+str(python>Java))          #大于操作
print("python==Java 的结果:"+str(python==Java))        #等于操作
print("python!=Java 的结果:"+str(python!=Java))        #不等于操作
print("python<=Java 的结果:"+str(python<=Java))        #小于或等于操作
print("Java>=C 的结果:"+str(Java>=C))                  #大于或等于操作
```

3. 项目运行结果

```
python=95Java=90C=88
python<Java 的结果:False
python>Java 的结果:True
python==Java 的结果:False
python!=Java 的结果:True
python<=Java 的结果:False
Java>=C 的结果:True
```

1.5.3 项目三：猜数字游戏

1. 项目要求

在程序中预设一个 0～9 的整数，让用户通过键盘输入所猜的数，如果大于预设的数，则显示“你猜的数字大于正确答案”；如果小于预设的数，则显示“你猜的数字小于正确答案”，如此循环，直至用户猜中该数字，显示“您猜了{}次，猜对了，真厉害！”，其中，n 是用户输入数字的次数。

2. 项目参考代码

```
#实例 1-5-3:ex1-5-3.py
guess = 0                                    #定义输入猜数字的变量
secret = 7                                   #预设的数字
times = 1                                    #猜数字次数
print("----------------欢迎参加猜数字游戏,请开始!------------------")
while guess != secret:                       #条件判断
    guess = int(input("请输入你要猜的数字,数字区间为 0-9:"))
    print("你输入的数字是:", guess)
    if guess == secret:
        print("你猜了{}次,你猜对了,真厉害!".format(times))
    else:
        if guess < secret:
            print("你猜的数字小于正确答案")
        else:
            print("你猜的数字大于正确答案")
    times += 1
print("游戏结束。")
```

3. 项目运行结果

```
----------------欢迎参加猜数字游戏,请开始!------------------
请输入你要猜的数字,数字区间为 0-9:7
你输入的数字是:7
你猜了 1 次,你猜对了,真厉害!
游戏结束。
```

本章小结

本章介绍了 Python 语言的发展历史，Python 的相关应用，程序的下载及开发环境的安装及其配置，程序的书写规范、标识符与关键字、数据类型与变量等内容，还介绍了数值型数据，以及 Python 的运算符和运算符的优先级。程序的书写规范包括代码缩进、注释、语句续行、标识符及关键字等，这是 Python 程序最基础的内容。本章重点介绍了 Python 的数值类型数据。Python 的运算符包括算术运算符、比较运算符、逻辑运算符、赋值运算符等。这些运算符在表达式中存在优先级。Python 不要求在使用变量之前声明其数据类型，但数据类型决定了数据的存储和操作方式。熟练掌握各种数据类型的操作，可以提高编程效率。本章介绍的 type()函数可用于测试数据的类型，在后续章节的学习过程中，我们还会经常用到该函数。

课后习题

一、简答题

1. 不同的应用场景需要用到不同的数字类型。在 Python 中，常见的数字类型主要是整数型和浮点型。请简要描述这两种数字类型，并列举每种数字类型的一个实际应用场景。

2. 在 Python 中，标识符和关键字是两个非常基础且重要的概念，它们在编程中扮演着不同的角色。请简要描述 Python 中标识符和关键字的作用。

3. Python 中的运算符用于执行各种数学和逻辑运算，请列举 Python 中的三种常见的运算符，并进行解释。

二、编程题

1. 编写 Python 程序，输出“Hello world!”和“I am learning Python!”，要求只使用一条语句实现分两行输出。

2. 编写 Python 程序，实现手动输入内容，输出相同内容。

3. 编写 Python 程序，实现手动输入两个字符串，输出合并后的字符串。

4. 编写 Python 程序，实现手动输入 3 个整数，输出 3 个数的平均值。

5. 编写 Python 程序，实现手动输入一个二进制整数，输出该二进制整数转换为八进制之后的结果。

第 2 章 程序流程控制

学习目标

- 了解单分支、多分支结构。
- 掌握 if…else 三元表达式。
- 了解 while 循环语句的构成。
- 掌握 range()函数的使用。
- 了解 for 循环注意事项。
- 掌握 for 与 while 循环的比较。
- 掌握 for 与 while 循环的嵌套使用。
- 理解异常是如何产生的及如何对异常进行处理。
- 掌握程序流程控制语句的综合应用。

程序是由若干语句组成的,其目的是实现一定的计算或处理功能。程序中的语句可以是单一的一条语句,也可以是一个语句块(复合语句)。编写程序要解决特定的问题,这些问题可以通过多种形式输入,程序运行并处理,形成结果并输出,所以,输入、处理、输出是程序的基本结构。在程序内部,存在逻辑判断与流程控制的问题。Python 的流程控制包括顺序、分支和循环 3 种结构。本章主要介绍 Python 程序的流程控制及其相关知识。

2.1 简单条件语句

2.1.1 单分支结构

单分支 if 语句的基本结构为

```
if 条件表达式:
    语句块
```

当条件表达式计算结果为 True 时,执行语句块中的代码;否则,不执行语句块中的代码。

单分支 if 语句的执行流程如图 2-1 所示。

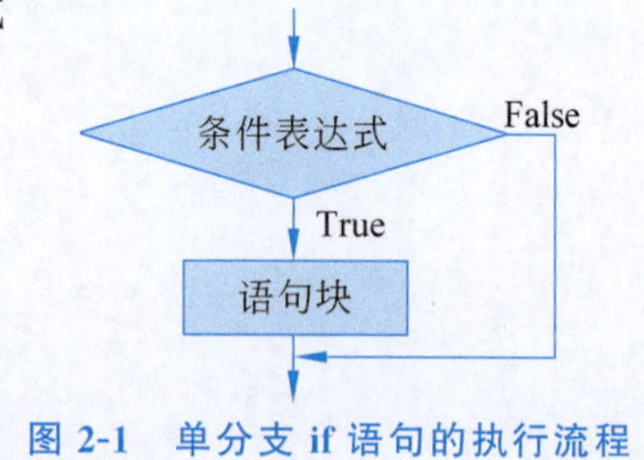

图 2-1 单分支 if 语句的执行流程

示例代码如下:

```
>>>x=5
>>>if x>0:
```

```
...print(x,'是正数')
...
5是正数
```

2.1.2　双分支结构

双分支 if 语句的基本结构为

```
if 条件表达式:
    语句块 1
else:
    语句块 2
```

当条件表达式的计算结果为 True 时，执行语句块 1 中的代码；否则，执行语句块 2 中的代码。

双分支 if 语句的执行流程如图 2-2 所示。

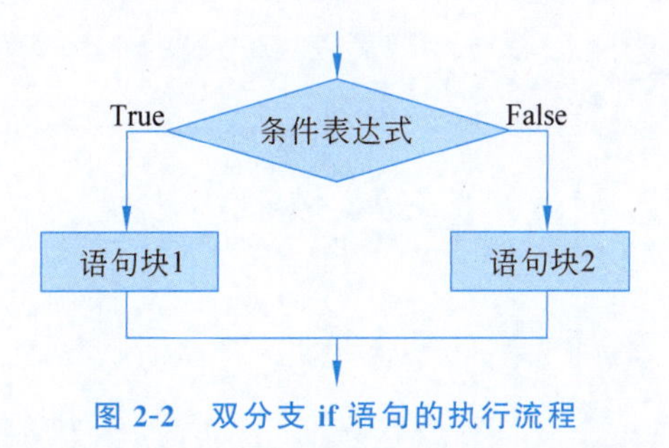

图 2-2　双分支 if 语句的执行流程

示例代码如下：

```
>>>x=-5
>>>if x>0:
...     print(x,'是正数')
...else:
...     print(x,'不是正数')
...
-5不是正数
```

实例 2-1-1　输入一个整数，判断它是奇数还是偶数。

设输入的整数是 n，n%2==0 则是偶数，否则为奇数，程序如下：

```
#实例 2-1-1:ex2-1-1.py
n=input("输入一个整数:")
n=int(n)
if n%2==0:
    print("偶数")
else:
    print("奇数")
```

实例 2-1-2 输入一个整数,输出其绝对值。

程序如下:

```
#实例 2-1-2:ex2-1-2.py
n=input("输入一个整数:")
n=int(n)
if n>=0:
    print(n)
else:
    print(-n)
```

2.1.3 案例:获得两个数中的最大值

1. 案例描述

输入两个整数,输出最大的一个。

2. 案例分析

这是求两个数中最大值的问题,设输入的数为a与b,当a>b时,最大数是a,否则为b。

```
#实例 2-1-3:ex2-1-3.py
a=input("a=")
b=input("b=")
a=float(a)
b=float(b)
if a>b:
    c=a
else:
    c=b
print(c)
#或者:
a=input("a=")
b=input("b=")
a=float(a)
b=float(b)
c=a
if a<b:
    c=b
print(c)
```

2.2 复杂条件语句

2.2.1 多分支结构

多分支if条件语句的格式为

```
if 条件 1:
    语句 1
elif 条件 2:
    语句 2
...
```

```
elif 条件 n:
    语句 n
else:
    语句 n+1
```

程序流程如图 2-3 所示。它的含义是：当条件 1 成立时，便执行指定的语句 1，执行完后，接着执行 if 后的下一条语句；如果条件 1 不成立，则判断条件 2，当条件 2 成立时，执行指定的语句 2，执行完后，接着执行 if 后的下一条语句；如果条件 2 不成立，则继续判断条件 3，以此类推，判断条件 n，如果成立则执行语句 n，接着执行 if 后的下一条语句；如果条件 n 还不成立，则执行语句 n+1，执行完后，接着执行 if 后的下一条语句。其中，每个条件后有冒号，语句 1、语句 2 等都向右边缩进，而且要对齐。语句 1、语句 2 等都可以包含多条语句。

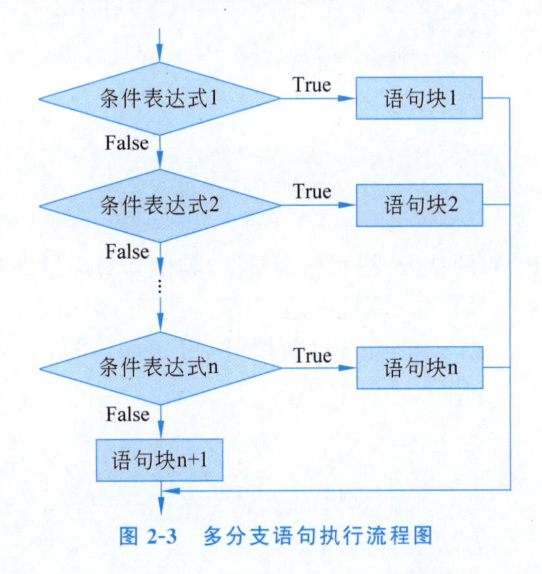

图 2-3　多分支语句执行流程图

示例代码如下：

```
>>>x=85
>>>if x<60:
...     print('不及格')
...elif x<70:
...     print('及格')
...elif x<90:
...     print('中等')
...else:
...     print('优秀')
...
中等
```

实例 2-2-1　输入一个学生的整数成绩 m，按[90,100]、[80,89]、[70,79]、[60,69]、[0,59]的范围分别给出 A、B、C、D、E 的等级。

分析：输入的成绩可能不合法（小于 0 或大于 100），也可能在[90,100]、[80,89]、[70,79]、[60,69]、[0,59]的其中一段之内，可以用复杂分支的 if 结构来处理。

示例代码如下：

```
#实例 2-2-1:ex2-2-1.py
m=input("请输入分数:")
m=float(m)
if m<0 or m>100:
    print("分数无效")
elif m>=90:
    print("优秀")
elif m>=80:
    print("良好")
elif m>=70:
    print("中等")
elif m>=60:
    print("及格")
else:
    print("不及格")
```

运行结果:

```
请输入分数:84
良好
```

实例 2-2-2 输入 0～6 的整数,把它作为星期,其中 0 对应星期日,1 对应星期一,以此类推,输出星期日、星期一、星期二、星期三、星期四、星期五、星期六。

设输入的整数为 w,根据 w 的值可以使用 if-elif-else 语句,分为 8 个情形,示例代码如下:

```
#实例 2-2-2:ex2-2-2.py
w = input("请输入星期几(0-6):")
w = int(w)
if w == 0:
    s = "星期天"
elif w == 1:
    s = "星期一"
elif w == 2:
    s = "星期二"
elif w == 3:
    s = "星期三"
elif w == 4:
    s = "星期四"
elif w == 5:
    s = "星期五"
elif w == 6:
    s = "星期六"
else:
    s = "不知今夕是何日"
print(s)
```

运行结果:

```
请输入星期几(0-6):4
星期四
```

2.2.2　三元表达式

1. if-else 三元表达式

if-else 三元表达式是简化版的 if-else 语句，其基本格式为

```
表达式 1 if 条件表达式 else 表达式 2
```

当条件表达式的计算结果为 True 时，将表达式 1 的值作为三元表达式的结果；否则，将表达式 2 的值作为三元表达式的结果。

示例代码如下：

```
>>>a=2
>>>b=3
>>>x=a if a<b else b                    #a<b 结果为 True,将 a 的值 2 赋值给 x
>>>x
2
>>>x=a if a>b else b                    #a>b 结果为 False,将 b 的值 3 赋值给 x
>>>x
3
```

2. 列表三元表达式

列表三元表达式的基本格式如下。

```
[表达式 1,表达式 2][条件表达式]
```

当条件表达式的计算结果为 False 时，将表达式 1 的值作为三元表达式的值；否则，将表达式 2 的值作为三元表达式的值。

示例代码如下：

```
>>>x=5
>>>y=10
>>>[x,y][x<y]                           #x<y 结果为 True,返回 y 的值
10
>>>[x,y][x>y]                           #x>y 结果为 False,返回 x 的值
5
```

2.2.3　案例：一元二次方程的解

1. 案例描述

输入一元二次方程的系数 a、b、c，求它的解。

2. 案例分析

根据数学知识，一元二次方程为 $ax^2+bx+c=0$。

如果 $b^2-4ac\geqslant 0$，则方程有两个解：$x_{1,2}=\dfrac{-b\pm\sqrt{b^2-4ac}}{2a}$

程序如下：

```
#实例 2-2-3:ex2-2-3.py
import math

a = input("a=")
b = input("b=")
c = input("c=")
a = float(a)
b = float(b)
c = float(c)
if a != 0:
    d = b * b - 4 * a * c
    if d > 0:
        d = math.sqrt(d)
        x1 = (-b + d) / 2 / a
        x2 = (-b - d) / 2 / a
        print("x1=", x1, "x2=", x2)
    elif d == 0:
        print("x1,x2=", -b / 2 / a)
    else:
        print("无实数解")
else:
    print("不是一元二次方程")
```

运行结果：

```
a=1
b=2
c=1
x1,x2=-1.0
```

2.3 while 循环语句

1. while 语句

while 语句的基本结构为

```
while 条件表达式:
    循环体
else:
    语句块
```

else 部分的语句可以省略。

while 语句循环的执行流程如图 2-4 所示。如果条件表达式始终为 true，则构造出无限循环，也称“死循环”。

例如，计算 1＋2＋…＋100，示例代码如下：

```
#实例 2-3-1:ex2-3-1.py
s=0
n=1
```

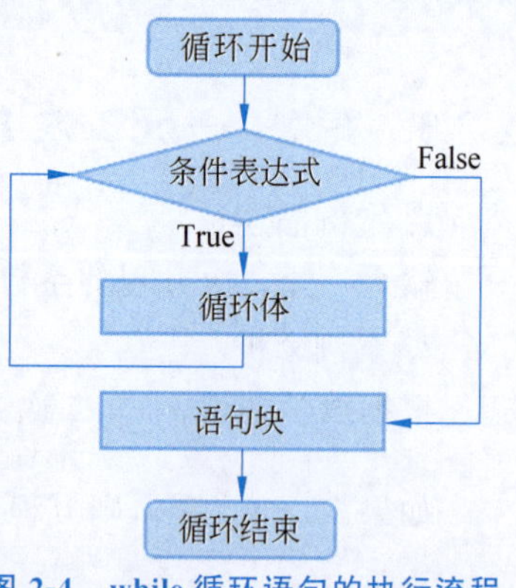

图 2-4 while 循环语句的执行流程

```
while n<=100:
    s=s+n
    n=n+1
print('1+2+...+100=',s)
```

又如，使用嵌套的 while 循环打印九九乘法表，示例代码如下：

```
#实例 2-3-2:ex2-3-2.py
hang = 1              #行变量初始化
while hang <= 9:
    j = 1             #每行个数变量的初始化
    while j <= hang:
        print(str(j) + "×" + str(hang) + "=" + str(hang *  j) + "\t", end='')
        j += 1        #循环体内一定要有循环变量的递变语句
    print()           #控制换行
    hang += 1         #行变量的递变语句
```

运行结果如图 2-5 所示。

```
1×1=1
1×2=2	2×2=4
1×3=3	2×3=6	3×3=9
1×4=4	2×4=8	3×4=12	4×4=16
1×5=5	2×5=10	3×5=15	4×5=20	5×5=25
1×6=6	2×6=12	3×6=18	4×6=24	5×6=30	6×6=36
1×7=7	2×7=14	3×7=21	4×7=28	5×7=35	6×7=42	7×7=49
1×8=8	2×8=16	3×8=24	4×8=32	5×8=40	6×8=48	7×8=56	8×8=64
1×9=9	2×9=18	3×9=27	4×9=36	5×9=45	6×9=54	7×9=63	8×9=72	9×9=81
```

图 2-5　九九乘法表执行结果

2. break 语句和 continue 语句

在 while 循环中，可以使用 break 语句和 continue 语句。break 语句用于跳出当前循环，即提前结束循环（包括跳过 else）；continue 用于跳过循环体剩余语句，回到循环开头开始下一次循环。

用 while 循环找出 100～999 内的前 10 个回文数字（3 位数中，个位和百位相同的数字称为回文数字）。

示例代码如下：

```
#实例 2-3-3:ex2-3-3.py
a = []
n = 0
x = 100
while x < 999:
    s = str(x)
    if s[0] != s[-1]:
        x = x + 1
        continue                     #x 如果不是回文数字，回到循环开头，x 取下一个值开始循环
    a.append(x)                      #x 是回文数字，将其加入列表
    n += 1                           #累计获得的回文数字个数
    x = x + 1
```

```
    if n == 10:
        break                       #找出10个回文数字时,跳出while循环
print(a)                            #break跳出时,跳转到该处执行
```

3. while 循环使用 else 语句

如果 while 后面的条件语句为 False,则执行 else 的语句块。

示例代码如下:

```
#实例2-3-4:ex2-3-4.py
count=0
while count<5:
    print(count,"小于5")
    count=count+1
else:
    print(count,"大于或等于5")
```

运行结果:

```
0小于5
1小于5
2小于5
3小于5
4小于5
5大于或等于5
```

2.4 for 循环语句

2.4.1 for 循环语句

for 语句可以实现遍历循环,其基本格式为

```
for var in object:
    循环体
else:
    语句块
```

else 部分可以省略。object 是一个可迭代对象。

for 语句执行时,依次将 object 中的数据赋值给变量 var,该操作称为迭代。

var 每赋值一次,则执行一次循环体。

循环执行结束时,如果有 else 部分,则执行对应的语句块。

else 部分只在正常结束循环时执行。

如果用 break 跳出循环,则不会执行 else 部分。

在 for 语句中,用 n 表示 object 中数据的位置索引,for 语句循环的执行流程如图 2-6

所示。

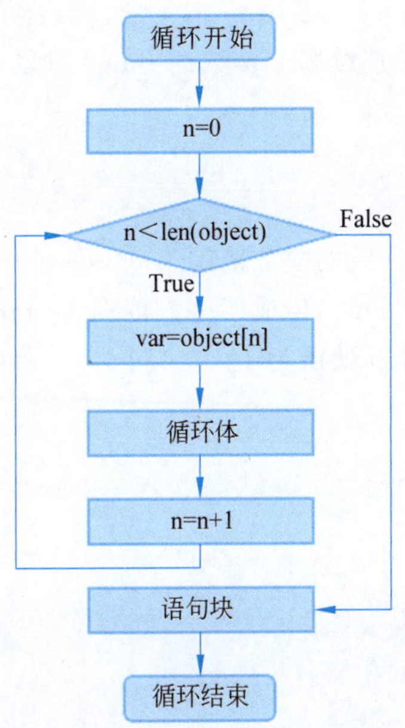

图 2-6　for 循环语句的执行流程

用 x 迭代元组中的对象，其中包含一个嵌套的子元组，示例代码如下：

```
for x in(1,2,3,(4,5)):
    print(x)
1
2
3
(4,5)
for x in 'book':                        #用 x 迭代字符串中的每个字符
    print(x)
b
o
o
k
for x in (1,2,3):
    print(x*2)
else:                                   #else 部分在循环正常结束时执行
    print('loopover')
2
4
6
loopover
```

2.4.2 range()函数

使用 range()函数生成包含连续多个整数的 range 对象，其基本格式为

```
range(end)
range(start,end[,step])
```

只指定一个参数(end)时，生成的整数范围为 0～(end－1)。
指定两个参数(start)和(end)时，生成的整数范围为 start～(end－1)。
整数之间的差值为 step，step 默认为 1。
示例代码如下：

```
>>>for x in range(3):
...    print(x)
...
0
1
2
>>>for x in range(-2,2):
...    print(x)
...
-2
-1
0
1
>>>for x in range(-2,2,2):
...    print(x)
...
-2
0
```

可以在 for 循环中用多个变量来迭代序列对象，示例代码如下：

```
>>>for(a,b)in((1,2),(3,4),(5,6)):
...    print(a,b)
...
12
34
56
#等价于 for a,b in ((1,2),(3,4),(5,6)):
```

与赋值语句类似，可以用"＊"表示给变量赋值一个列表，示例代码如下：

```
>>>for(a,*b)in((1,2,'abc'),(3,4,5)):
...    print(a,b)
...
1[2,'abc']
3[4,5]
```

2.5　循环注意事项

2.5.1　for 循环注意事项

① 循环变量是控制循环次数的变量，它是自动变化的，不要在循环中人为地改变它，否则会出现逻辑上的混乱，甚至出现意想不到的结果，例如：

```
for i in range(5):
    print(i)
    i=i+1
```

运行结果：

```
0
1
2
3
4
```

② 应该避免 step＝0 的情况出现，如果 step＝0，那么变量不变化，会一直原地踏步，循环是无法进行的。例如：

```
for i in range(1,5,0):
    print(i)
```

③ for 循环在正常退出时，循环变量的值不会等于 stop 值，例如以下程序判断 n 是否为素数：

```
n=input("请输入一个整数:")
n=int(n)
for d in range(2,n):
    if n%d==0:
        break
if d==n:
    print(n,"是一个素数")
else:
    print(n,"不是一个素数")
```

运行结果：

```
Enter:7
7 不是一个素数
```

这个程序显然是错误的，程序原本以为 break 语句退出时会有 d<n，正常退出时必定有 d＝n，由此判断 n 是否为素数，但是程序正常退出时 d＝n－1，仍然有 d<n。例如：

```
#实例 2-5-1:ex2-5-1.py
```

```
#但是用 while 循环是正确的:
n=input("请输入一个整数:")
n=int(n)
d=2
while d<n:
    if n%d==0:
        break
    d=d+1
if d==n:
    print(n,"是一个素数")
else:
    print(n,"不是一个素数")
```

运行结果：

```
Enter:7
7 是一个素数
```

2.5.2 for 与 while 循环比较

实际上 for 与 while 循环在大多数情况下是可以互相替代的，例如求 100 以内整数的和，用 for 循环编写如下：

```
s=0
for i in range(101):
    s=s+i
print(s)
```

用 while 循环编写如下：

```
s=0
i=1
while i<=100:
    s=s+i
    i=i+1
print(s)
```

两者最大的不同是 while 循环的循环变量在 while 之前要初始化，变量的变化要自己控制，循环条件要自己写。

for 循环相对来说要简单一些，因为 for 循环的变量变化是有规律的等差数列，而 while 循环的变量变化是任意的。

因此，如果循环变量的变化是有规律的，那么建议使用 for 循环；如果循环变量的变化是无规律的，那么建议使用 while 循环。

2.5.3 案例：能喝多少瓶水

1. 案例描述

水 2 元一瓶，4 个水瓶盖子可以免费换 1 瓶水，2 个空瓶子可以免费换 1 瓶水，现在有

10 元钱，不允许再有其他规则，那么总共可以喝多少瓶水？

2. 案例分析

设置 water、caps、bottles 变量代表水数、盖子数、瓶子数，用一个循环来进行，只要 water>0，就表示还没有进行完毕。

喝完 water 瓶水，再次得到 water 个盖子与瓶子，加到原来的 caps 和 bottles 变量中。

如果 caps≥4，那么可以用它们来换取 caps//4 瓶水，余下 caps%4 个盖子，只要 bottles≥2，就可以换取 bottles//2 瓶水，余下 bottles%2 个瓶子，当水喝完时，余下的盖子与瓶子都换不出更多的水时就结束。

3. 参考代码

```
#实例 2-5-2:ex2-5-2.py
m=10
water=m//2
caps=0
bottles=0
count=0
while water>0:
    caps=caps+water
    bottles=bottles+water
    count=count+water
    print("这次喝掉%d 瓶水,总计%d 瓶水"%(water,count))
    water=0
    print("(%d 瓶水,%d 个盖子,%d 个瓶子)"%(water,caps,bottles))
    if caps>=4:
        print("%d 个盖子换%d 瓶水"%(caps-caps%4,caps//4))
        water=water+caps//4
        caps=caps%4
    if bottles>=2:
        print("%d 个瓶子换%d 瓶水"%(bottles-bottles%2,bottles//2))
        water=water+bottles//2
        bottles=bottles%2
    print("(%d 瓶水,%d 个盖子,%d 个瓶子)"%(water,caps,bottles))
print("总计喝掉%d 瓶水,剩下%d 个盖子和%d 个瓶子"%(count,caps,bottles))
```

4. 运行结果

```
这次喝掉 5 瓶水,总计 5 瓶水
(0 瓶水,5 个盖子,5 个瓶子)
4 个盖子换 1 瓶水
4 个瓶子换 2 瓶水
(3 瓶水,1 个盖子,1 个瓶子)
这次喝掉 3 瓶水,总计 8 瓶水
(0 瓶水,4 个盖子,4 个瓶子)
4 个盖子换 1 瓶水
4 个瓶子换 2 瓶水
(3 瓶水,0 个盖子,0 个瓶子)
这次喝掉 3 瓶水,总计 11 瓶水
(0 瓶水,3 个盖子,3 个瓶子)
2 个瓶子换 1 瓶水
```

```
(1 瓶水,3 个盖子,1 个瓶子)
这次喝掉 1 瓶水,总计 12 瓶水
(0 瓶水,4 个盖子,2 个瓶子)
4 个盖子换 1 瓶水
2 个瓶子换 1 瓶水
(2 瓶水,0 个盖子,0 个瓶子)
这次喝掉 2 瓶水,总计 14 瓶水
(0 瓶水,2 个盖子,2 个瓶子)
2 个瓶子换 1 瓶水
(1 瓶水,2 个盖子,0 个瓶子)
这次喝掉 1 瓶水,总计 15 瓶水
(0 瓶水,3 个盖子,1 个瓶子)
总计喝掉 15 瓶水,剩下 3 个盖子和 1 个瓶子
```

2.6 循环嵌套

2.6.1 嵌套的 for 循环

Python 允许嵌套使用 for 循环,即在 for 循环内部再次使用 for 循环。

例如,下面的代码输出 100 以内的素数(除了 1 和它本身之外,不能被其他数整除的数是素数)。

示例代码如下:

```
#实例 2-6-1:ex2-6-1.py
print(1, 2, 3, end="")                    #1、2、3 是素数,直接输出,end=""使后续输出不换行
for x in range(4, 100):
    for n in range(2, x):
        if x % n == 0:                    #若余数为 0,说明 x 不是素数,结束当前 for 循环
            break
        else:
            print(x, end='')              #正常结束 for 循环,说明 x 是素数,输出
else:
    print('over')
```

2.6.2 嵌套的 while 循环

用 while 循环输出 100 以内的素数。

示例代码如下:

```
#实例 2-6-2:ex2-6-2.py
x = 1
while x < 100:
    n = 2
    while n < x - 1:
        if x % n == 0:
            break                         #若余数为 0,说明 x 不是素数,结束当前循环
        n += 1
        else:
```

```
        print(x, end='')                #正常结束循环,说明 x 没有被任何数整除,是素数,输出
    x += 1
else:
    print('over')
```

下面的代码输出了九九乘法表。

示例代码如下：

```
#实例 2-6-3:ex2-6-3.py
a=1
while a<10:
    b=1
    while b<=a:
        print('%d*%d=%2d'%(a,b,a*b),end='')
        b+=1
    print()
    a+=1
```

2.7 异常处理

2.7.1 异常情况

实例 2-7-1　输入一个数，计算它的平方根。

示例代码如下：

```
#实例 2-7-1:ex2-7-1.py
import math                                     #导入数学模块
n=input("请输入一个整数:")
n=float(n)
print(math.sqrt(n))
print("done")
请输入一个整数:12a
Traceback(most recent call last):
  File"e:/广东开放大学/pythoncode/chapter2/ex2-7-1.py",line4,in<module>
    n=float(n)
ValueError:could not convert string to float:'12a'
```

在 Python 中，程序运行出现错误后程序会终止，这种错误不是程序设计的错误，而是在程序运行中因数据输入不正确而导致的运行错误，称为运行时错误(RuntimeError)，处理这种错误要用到 try/except 异常处理语句。

程序优化：

```
#实例 2-7-2:ex2-7-2.py
import math                                     #导入数学模块
n=input("请输入一个整数:")
try:
    n=float(n)
    print(math.sqrt(n))
```

```
print("done")
except Exception as err:
    print(err)
    print("End")
```

运行结果：

```
请输入一个整数:12a
could not convert string to float:'12a'
End
```

其中，在执行时输入的数据无效，执行语句出现异常，这个异常被 except 捕获，转去执行 print(err)，程序没有被终止，继续执行到最后一条语句 print("End")。

从这个例子可以看到，异常是程序中因为输入或者其他 IO 操作不当而出现的运行时错误的一种处理方法，在一些运行情况下，有些情况是难以预料的，例如写文件时磁盘写包含或者空间不够，或者在进行网络操作时网络不通畅，这样的一些客观原因是设计阶段无法预料的，但是程序必须具备处理这些特殊情况的能力，增强程序的健壮性，使得程序在各种各样的情况下都不会崩溃，因此，异常处理是必不可少的。

2.7.2 异常语句

Python 的 try 语句是异常处理语句，try 语句的格式为

```
try:
    语句块 1
except Exception as err:
    语句块 2
后续语句
```

异常语句的执行流程如图 2-7 所示，它的执行规则是先执行语句块 1，如果语句块 1 的各条语句都能正确执行，未出现任何运行错误，则在执行完语句块 1 的最后一条语句后，try 语句执行完毕，转去执行后面的语句。

如果在执行语句块 1 的过程中出现运行时错误，则停止语句块 1 的执行，这个错误被系统捕捉到，错误的信息被转为 Exception 异常类对象，转去执行语句块 2，当语句块 2 执行完后，try 语句执行完毕，转去执行程序后面的语句。

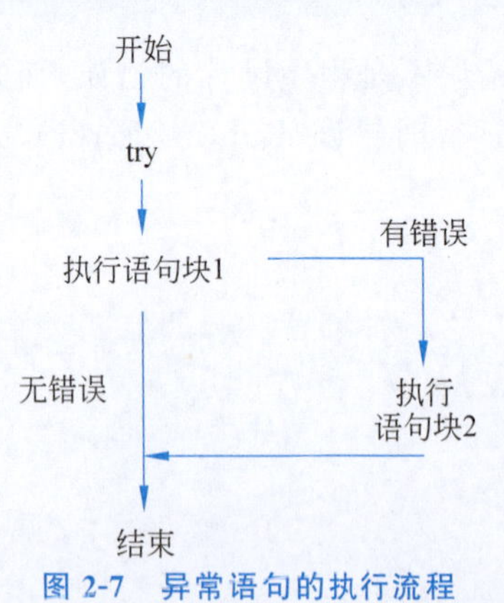

图 2-7 异常语句的执行流程

其中，语句块 1 是要尝试(try)执行的程序段，语句块 2 是在语句块 1 发生运行时错误且被捕捉(except)到后执行的程序段，其流程如图 2-7 所示。

在 try 语句中，Exception 是 Python 的一个类，err 是捕捉到的错误对象，专门表示错误异常。Exception 是系统对象名称，我们不可以改变这个名称，而 err 是我们给出的变量名，我们可以改变这个名称。

值得注意的是，在语句块 1 中，只要有一条语句出现异常，就转去执行语句块 2，语句块 1 的剩余语句是不执行的。

示例代码如下：

```
#实例 2-7-3:ex2-7-3.py
print("start")
try:
    print("divided")
    n=1/0
    print("finish")
except Exception as err:
    print(err)
    print("end")
```

运行结果：

```
start
divided
division by zero
end
```

执行到语句 n=1/0 时，因为除数为 0 而出现异常，就转到 print(err)打印出"division by zero"，而剩余的语句 print("finish")是不执行的。

2.7.3 抛出异常

异常是程序运行时的一种错误，那么异常是如何抛出的呢？在 Python 中，抛出异常的语句是 raise 语句，格式为

```
raise Exception(异常信息)
```

其中，raise 为抛出语句，Exception(异常信息)表示建立一个异常类 Exception 的对象，该对象用指定的字符串设置其 Message 属性。

示例代码如下：

```
#实例 2-7-4:ex2-7-4.py
print("start")
try:
    print("Intry")
    raise Exception("Myerror")
    print("finish")
except Exception as err:
    print(err)
print("end")
```

运行结果：

```
start
Intry
Myerror
end
```

由此可见，当执行到 raise Exception("Myerror")语句时，就抛出一个异常，被 except 捕捉到，用 print(err)显示错误信息。“Myerror”就是我们抛出的异常信息。

示例代码如下：

```
#实例 2-7-5:ex2-7-5.py
'''
应用异常处理,输入一个整数,计算它的平方根。
'''
import math                                        #导入数学模块

while True:
    try:
        n = input("Enter:")
        n = int(n)
        if n < 0:
            raise Exception("整数为负数")
        break
    except Exception as err:
        print("输入错误:", err)
print(math.sqrt(n))
print("done")
```

执行情况：

```
Enter:12a
输入错误:invalid literal for int() with base 10:'12a'
Enter:-2
输入错误:整数为负数
Enter:2
1.4142135623730951
done
```

如果输入的字符串不是一个整数，就由 n=int(n)抛出异常；如果是整数，则 n=int(n)正常执行，但如果是负整数，就自己抛出异常，最后都被 except 捕获执行 print(err)，我们用 while 循环控制输入，一直输入到正整数时才执行 print(math.sqrt(n))语句。

2.7.4 简单异常语句

有时候我们并不关心异常的信息，只要捕获到异常就可以了，这时在 except 中就不用写 Exception 部分，try 语句将简化为

```
try:
    语句块 1
except:
    语句块 2
后续语句
```

执行规则完全一样，只是在异常处理中不显示异常信息而已。

示例代码如下：

```
#实例 2-7-6:ex2-7-6.py
'''
应用异常处理,输入一个整数,计算它的平方根
'''
import math                                          #导入数学模块
while True:
    try:
        n=input("Enter:")
        n=int(n)
        if n<0:
            raise Exception()
        break
    except:
        print("请输入正整数")
print(math.sqrt(n))
print("done")
```

执行情况:

```
Enter:12a
请输入正整数
Enter:-2
请输入正整数
Enter:2
1.4142135623730951
done
```

在程序中,我们并不关心是由于输入非整数还是负整数而抛出的异常,反正都不正确,我们只要求输入正整数,因此异常中只使用 except 语句。

2.7.5　案例:输入学生信息

1. 案例描述

输入学生的姓名 Name、性别 Gender、年龄 Age,要求 Name 非空,Gender 为“男”或者“女”、Age 为 18～30。

2. 案例分析

构造一个异常语句结构,输入学生的 Name、Gender、Age,如果有错误则抛出异常。

程序如下:

```
#实例 2-7-7:ex2-7-7.py
try:
    Name=input("姓名:")
    if Name.strip()=="":
        raise Exception("无效的姓名")
    Gender=input("性别:")
    if Gender!="男" and Gender!="女":
        raise Exception("无效的性别")
    Age=input("年龄:")
    Age=float(Age)
```

```
    if Age<18 or Age>30:
        raise Exception("无效的年龄")
    print(Name,Gender,Age)
    except Exception as err:
    print(err)
```

本章小结

本章主要介绍了 Python 的流程控制语句。Python 使用 if 语句实现分支结构，使用 for 语句和 while 语句实现循环结构。其中，for 语句主要用于循环次数明确确定的场景，而 while 语句主要用于终止条件确定的场景。在 while 循环语句的循环体内，一定要有循环变量的变更语句，且此变更可以使得循环条件趋于终止，否则会造成死循环。

分支和循环都可以嵌套。跳转语句包括 break 语句和 continue 语句，break 语句的作用是从循环体内部跳出，continue 语句必须用于循环结构中，它的作用是跳过当前循环，进入下一轮循环。

本章的内容是编程的基础，读者需要通过不断地书写程序和阅读程序来提高自身的编程能力。

课后习题

一、简答题

1. 在 Python 中，常见的简单条件语句分为单分支结构和双分支结构，请分别画出单分支 if 语句和双分支 if 语句的执行流程图。

2. 在 Python 中，while 循环语句中常常伴随着 break 和 continue 语句，请简要概括 break 和 continue 语句的区别。

3. 在 Python 中，经常使用 range()函数来生成包含多个连续整数的 range 对象，请简述 range()函数参数的使用方法。

4. 请简要概述 for 循环语句和 while 循环语句的区别。

5. 请简要分析 Python 编程中出现的运行时错误(RuntimeError)，并说明其出现原因及解决方法。

二、编程题

1. 编写 Python 程序，实现手动输入 3 个整数，输出 3 个数中的最大值。

2. 编写 Python 程序，实现手动输入一个整数 N，计算整数 N 到整数 $N+100$ 之间所有奇数的数值和，不包含 $N+100$，并将结果输出。

3. 编写 Python 程序，使用 for 循环输出所有 3 位数中的素数。

4. 编写 Python 程序，使用 for 循环输出首项为 3、末项为 99、公差为 3 的等差数列，要求在同一行输出等差数列的所有项，输出格式为[3,6,9,…,99]。

5. 编写 Python 程序，使用 while 循环计算等差数列[3,6,9,12,…,48]的所有项之和。

6. 编写 Python 程序，实现手动输入语文、数学、英语三门考试的成绩(0～100)，输出总成绩，并按照[250，300]、[200，250)、[150，200)、[100，150)、[0，100)的范围分别给出 A、B、C、D、E 的等级。

7. 编写 Python 程序，实现鸡兔同笼问题的求解，要求手动输入鸡和兔子的头的总数量和腿的总数量，输出鸡和兔子各有多少只；当输入的不是正整数或输入的腿的数量不是偶数，或者求出的结果不是正整数时，则要求重新输入。

第3章 函数与模块

学习目标

- 掌握调用函数及函数的参数。
- 掌握函数嵌套的定义，理解 lambda 函数。
- 理解递归函数、函数列表、作用域分类。
- 掌握 global 语句、nonlocal 语句。
- 掌握函数的调用关系及参数传递的规则。
- 了解函数的默认参数及函数参数默认值的规则。
- 掌握异常的传递机制、模块的导入及执行。
- 掌握搜索路径、对象属性、隐藏的模块变量。

函数是实现某一特定功能的语句集合。函数可以重复使用，提高了代码的可重用性；函数通常实现较为单一的功能，提高了程序的独立性；同一个函数，可以通过接收不同的参数实现不同的功能，提高了程序的适应性。Python 提供了很多内置函数，用户也可以使用自己定义的函数。

Python 作为高级编程语言，适合开发各类应用程序。编写 Python 程序可以使用内置的标准库、第三方库，也可以使用用户自己开发的函数库，从而方便代码复用。Python 的编程思想注重运用各种函数库完成应用系统的开发。可以使用库、模块、包、类、函数等多个概念从不同角度来构建 Python 程序。为方便描述，本书不严格区分库和模块的概念。

程序在运行过程中发生错误是不可避免的，这种错误就是异常(Exception)。用户在开发一个完整的应用系统时，在程序中应提供异常处理策略。

Python 中包含丰富的异常处理措施。Python 的异常处理机制使得程序运行时出现的问题可以用统一的方式进行处理，增加了程序的稳定性和可读性，规范了程序的设计风格，提高了程序的质量。

本章主要介绍函数的定义、调用及参数传递，以及一些内置函数的应用、模块的概念、Python 标准库中的模块、下载和使用第三方库、构建用户自定义的模块等内容。Python 的异常处理技术包括用户自定义的异常。

3.1 函数

3.1.1 定义函数

def 语句用于定义函数，其基本格式为

```
def 函数名(参数表):
    函数语句
return 返回值
```

参数和返回值都可以省略,示例代码如下:

```
>>>def hello():                            #定义函数
...     print('Python 你好')
...
>>>hello()                                 #调用函数
Python 你好
```

hello()函数没有参数和返回值,它调用 print()函数输出一个字符串。

为函数指定参数时,参数之间用逗号分隔。

下面的代码为函数定义了两个参数,并返回两个参数的和。

```
>>>def add(a,b):                           #定义函数
...     return a+b
...
>>>add(1,2)                                #调用函数
3
```

3.1.2　调用函数

调用函数的基本格式为

```
函数名(参数表)
```

在 Python 中,所有的语句都是解释执行的,不存在 C/C++ 语言中的编译过程。

def 也是一条可执行语句,它完成了函数的定义。Python 中,函数的调用必须出现在函数的定义之后。在 Python 中,函数也是对象(function 对象)。def 语句在执行时会创建一个函数对象。函数名是一个变量,它引用 def 语句创建的函数对象。可将函数名赋值给变量,使变量引用同一个函数。示例代码如下:

```
>>>def add(a,b):                           #定义函数
...     return a+b
>>>add                                     #直接用函数名,可返回函数对象的内存地址
<function add at 0x00D41078>
>>>add(10,20)                              #调用函数
30
>>>x=add                                   #将函数名赋值给变量
>>>x(1,2)                                  #通过变量调用函数
3
```

3.1.3　函数的参数

函数定义的参数表中的参数称为形式参数,简称形参。调用函数时,参数表中提供的参

数称为实际参数，简称实参。实参可以是常量、表达式或变量。当实参是常量或表达式时，直接将常量或表达式的计算结果传递给形参。

在 Python 中，变量保存的是对象的引用，当实参为变量时，参数传递会将实参对对象的引用赋值给形参。

1. 参数的多态性

多态是面向对象的一个特点，指不同对象执行同一个行为可能会得到不同的结果。当同一个函数传递的实际参数类型不同时，可获得不同的结果，这体现了多态性。例如：

```
>>>def add(a,b):
...    return a+b                          #两个参数执行加法运算
...
>>>add(1,2)                                #执行数字加法
3
>>>add('abc','def')                        #执行字符串连接
'abcdef'
>>>add((1,2),(3,4))                        #执行元组合并
(1,2,3,4)
>>>add([1,2],[3,4])                        #执行列表合并
[1,2,3,4]
```

2. 参数赋值传递

调用函数时，会按参数的先后顺序依次将实参传递给形参。例如，调用 add(1,2)时，1 传递给 a，2 传递给 b。

Python 允许以形参赋值的方式将实参传递给指定形参。例如：

```
>>>def add(a,b):
...    return a+b
...
>>>add(a='ab',b='cd')                      #通过赋值来传递参数
'abcd'
>>>add(b='ab',a='cd')                      #通过赋值来传递参数
'cdab'
```

采用参数赋值传递时，因为指明了形参名称，所以参数的先后顺序已无关紧要。参数赋值传递的方式称为关键字传递。

3. 参数传递与共享引用

示例代码如下：

```
>>>def f(x):
...    x=100
...
>>>a=10
>>>f(a)
>>>a
10
```

从结果可以看出，将实参 a 传递给形参 x 后，在函数中重新赋值 x 并不会影响实参 a，这是

因为 Python 中的赋值是建立变量到对象的引用，重新赋值时，意味着形参引用了新的对象。

4. 传递可变对象的引用

当实参引用的是可变对象（如列表、字典等）时，若在函数中修改形参，通过共享引用，实参也可以获得修改后的对象。

示例代码如下：

```
>>>def f(a):
...     a[0]='abc'                          #修改列表第一个值
...
>>>x=[1,2]
>>>f(x)                                     #调用函数,传递列表对象的引用
>>>x                                        #变量 x 引用的列表对象在函数中被修改
['abc',2]
```

如果不希望函数中的修改影响函数外的数据，应注意避免传递可变对象的引用。如果要避免列表在函数中被修改，可使用列表的拷贝作为实参。

示例代码如下：

```
>>>def f(a):
...     a[0]='abc'                          #修改列表第一个值
...
>>>x=[1,2]
>>>f(x[:])                                  #传递列表的拷贝
>>>x                                        #结果显示原列表不变
[1,2]
```

还可以在函数内对列表进行拷贝，调用函数时实参仍使用变量，示例代码如下：

```
>>>def f(a):
...     a=a[:]                              #拷贝列表
...     a[0]='abc'                          #修改列表的拷贝
...
>>>x=[1,2]
>>>f(x)                                     #调用函数
>>>x                                        #结果显示原列表不变
[1,2]
```

5. 有默认值的可选参数

在定义函数时，可以为参数设置默认值。

调用函数时，如果未提供实参，则形参取默认值，示例代码如下：

```
>>>def add(a,b=-100):                       #参数 b 默认值为-100
...     return a+b
...
>>>add(1,2)                                 #传递指定参数
3
>>>add(1)                                   #形参 b 取默认值
-99
```

需要注意的是，带默认值的参数为可选参数，在定义函数时，应放在参数表的末尾。

6. 接收任意个数的参数

在定义函数时，如果在参数名前面使用星号"*"，则表示形参是一个元组，可接收任意个数的参数。调用函数时，可以不为带星号的形参提供数据。

示例代码如下：

```
>>>def add(a, * b):
...     s=a
...     for x in b:                        #用循环迭代元组 b 中的对象
...         s+=x                           #累加
...     return s                           #返回累加结果
...
>>>add(1)                                  #不为带星号的形参提供数据,此时形参 b 为空元组
1
>>>add(1,2)                                #求两个数的和,此时形参 b 为元组(2,)
3
>>>add(1,2,3)                              #求 3 个数的和,此时形参 b 为元组(2,3)
6
>>>add(1,2,3,4,5)                          #求 5 个数的和,此时形参 b 为元组(2,3,4,5)
15
```

7. 必须通过赋值传递的参数

Python 允许使用必须通过赋值传递的参数。在定义函数时，带星号参数之后的参数必须通过赋值传递。

示例代码如下：

```
>>>def add(a, * b,c):
...     s=a+c
...     for x in b:
...         s+=x
...     return s
...
>>>add(1,2,3)                              #形参 c 未使用赋值传递,出错
Traceback(most recent call last):
  File "<stdin>",line 1,in <module>
TypeError:add() missing 1 required keyword-only argument:'c'
>>>add(1,2,c=3)                            #形参 c 使用赋值传递
6
>>>add(1,c=3)                              #带星号参数可以省略
4
```

在定义函数时，也可单独使用星号，但其后的参数必须通过赋值传递。

示例代码如下：

```
>>>def f(a, * ,b,c):                       #参数 b 和 c 必须通过赋值传递
...     return a+b+c
...
>>>f(1,b=2,c=3)
6
```

3.1.4　函数嵌套定义

Python 允许在函数内部定义函数，示例代码如下：

```
>>>def add(a,b):
...     def getsum(x):                  #在函数内部定义的函数,将字符串转换为 Unicode 码求和
...         s=0
...         for n in x:
...             s+=ord(n)
...         return s
...     return getsum(a)+getsum(b)              #调用内部定义的函数 getsum()
...
>>>add('12','34')                               #调用函数
202
```

注意：内部函数只能在函数内部使用。

3.1.5　lambda 函数

lambda 函数也称表达式函数，用于定义匿名函数。可将 lambda 函数赋值给变量，通过变量调用函数。

lambda 函数定义的基本格式为

```
lambda 参数表:表达式
```

示例代码如下：

```
>>>add=lambda a,b:a+b                           #定义表达式函数,赋值给变量
>>>add(1,2)                                     #函数调用格式不变
3
>>>add('ab','ad')
'abad'
```

lambda 函数非常适合定义简单的函数。

与 def 不同，lambda 的函数体只能是一个表达式。

可在表达式中调用其他函数，但不能使用其他语句。

示例代码如下：

```
>>>add=lambda a,b:ord(a)+ord(b)                 #在 lambda 表达式中调用其他函数
>>>add('1','2')
99
```

3.1.6　递归函数

递归函数是指在函数体内调用函数本身。

例如，下面的函数 fac()实现了计算阶乘。

```
>>>def fac(n):                               #定义函数
...     if n==0:                             #递归调用的终止条件
...         return 1
...     else:
...         return n * fac(n-1)              #递归调用函数本身
...
>>>fac(5)
120
```

注意：递归函数必须在函数体中设置递归调用的终止条件。如果没有设置递归调用终止条件，程序会在超过 Python 允许的最大递归调用深度后产生 RecursionError 异常（递归调用错误）。

3.1.7 函数列表

因为函数是一种对象，所以可将其作为列表元素使用，然后通过列表索引来调用函数。示例代码如下：

```
>>>d=[lambda a,b:a+b,lambda a,b:a * b]      #使用 lambda 函数建立列表
>>>d[0](1,3)                                 #调用第一个函数
4
>>>d[1](1,3)                                 #调用第二个函数
3
```

也可使用 def 定义的函数来创建列表，示例代码如下：

```
>>>def add(a,b):                             #定义求和函数
...     return a+b
...
>>>def fac(n):                               #定义求阶乘函数
...     if n==0:
...         return 1
...     else:
...         return n * fac(n-1)
>>>d=[add,fac]                               #建立函数列表
>>>d[0](1,2)                                 #调用求和函数
3
>>>d[1](5)                                   #调用求阶乘函数
120
>>>d=(add,fac)                               #建立包含函数列表的元组对象
>>>d[0](2,3)                                 #调用求和函数
5
>>>d[1](5)                                   #调用求阶乘函数
120
```

Python 还允许使用字典来建立函数映射，示例代码如下：

```
>>>d={'求和':add,'求阶乘':fac}               #用函数 add 和 fac 建立函数映射
>>>d['求和'](1,2)                            #调用求和函数
3
>>>d['求阶乘'](5)                            #调用求阶乘函数
120
```

3.2　变量范围

3.2.1　作用域分类

变量的范围就是作用域，是变量的可使用范围，也称为变量的命名空间。在第一次给变量赋值时，变量的创建位置决定了变量的作用域。Python 中变量的作用域可分为 4 类：内置作用域、文件作用域、函数嵌套作用域和本地作用域，如图 3-1 所示。

① 本地作用域：当没有 …… 数内通过赋值创建的变量、函数参数都属于本地作 ……

② 函数嵌套作用域： …… 用域。

③ 文件作用域：程序 …… 域。

④ 内置作用域：Pyt …… 含 Python 的各种预定义变量和函数。

内置作用域和文件 …… 范围的大小，作用域外部的变量和函数可以在作用域 …… 不能在作用域外使用。

通常将变量名分 …… 作用域和文件作用域中定义的变量和函数都属于全 …… 用域内定义的变量和函数都属于本地变量，本地变量 ……

考察下面的代 ……

```
#文件作用域
a=10
def add(b)                      add 内的本地变量
    c=a+b                       内的本地变量,a 是函数外部的全局变量
    return c
print(add(5))
```

该程序在运行过程中会创建 4 个变量：a、b、c 和 add。a 和 add 是文件作用域内的全局变量，b 和 c 是函数 add 内部的本地变量。

另外，该程序还用到了 print()这个内置函数，它是内置作用域中的全局变量。

当作用域外的变量与作用域内的变量名称相同时，遵循"本地"优先原则，此时外部的变量将被屏蔽，称为作用域隔离原则。例如：

```
a=10                                #赋值,创建全局变量 a
def show():
    a=100                           #赋值,创建本地变量 a
    print('inshow():a=',a)          #输出本地变量 a
show()
inshow():a=100
a                                   #输出全局变量 a
10
```

3.2.2 global 语句

在函数内部给变量赋值时，默认情况下该变量为本地变量。为了在函数内部给全局变量赋值，Python 提供了 global 语句，用于在函数内部声明全局变量。

示例代码如下：

```
def show():
    global a                        #声明 a 是全局变量
    print('a=',a)                   #输出全局变量 a
    a=100                           #给全局变量 a 赋值
    print('a=',a)
a=10
show()
a=10
a=100
a
100
```

3.2.3 nonlocal 语句

作用域隔离原则同样适用于嵌套函数。在嵌套函数内使用与外层函数同名的变量时，若该变量在嵌套函数内没有被赋值，则该变量就是外层函数的本地变量。

示例代码如下：

```
>>>def test():
...     a=10                        #创建 test 函数的本地变量 a
...     def show():
...         print('inshow(),a=',a)  #使用 test 函数的本地变量 a
...     show()
...     print('intest(),a=',a)      #使用 test 函数的本地变量 a
...
>>>test()
inshow(),a=10
intest(),a=10
```

修改上面的代码，在嵌套函数 show()内为 a 赋值，代码如下：

```
>>>def test():
...     a=10                                  #创建 test 函数的本地变量 a
...     def show():
...         a=100                             #创建 show 函数的本地变量 a
...         print('inshow(),a=',a)            #使用 show 函数的本地变量 a
...     show()
...     print('intest(),a=',a)                #使用 test 函数的本地变量 a
...
>>>test()
inshow(),a=100
intest(),a=10
```

如果要在嵌套函数内部为外层函数的本地变量赋值,可使用 Python 提供的 nonlocal 语句。

nonlocal 语句与 global 语句类似,它声明的变量是外层函数的本地变量,示例代码如下:

```
>>>def test():
...     a=10                                  #创建 test 函数的本地变量 a
...     def show():
...         nonlocal a                        #声明 a 是 test 函数的本地变量
...         a=100                             #为 test 函数的本地变量 a 赋值
...         print('inshow(),a=',a)            #使用 test 函数的本地变量 a
...     show()
...     print('intest(),a=',a)                #使用 test 函数的本地变量 a
...
>>>test()
inshow(),a=100
intest(),a=100
```

3.3 函数调用简介

3.3.1 函数调用

程序的执行总是从主程序函数开始,完成对其他函数的调用后再返回到主程序函数,最后由主程序函数结束整个程序。嵌套调用就是一个函数调用另一个函数,被调用的函数又进一步调用另一个函数,形成一层层的嵌套关系,一个复杂的程序存在多层的函数调用。

图 3-2(左)展示了这种关系,主程序函数调用函数 A,在 A 中又调用函数 B,B 又调用 C,在 C 完成后返回 B 的调用处,继续 B 的执行,之后 B 执行完毕,返回 A 的调用处,A 又接着往下执行,随后 A 又调用函数 D,D 执行完后返回 A,A 执行完后返回主程序函数,主程序接着往下执行,主程序完成后程序就结束了。

函数调用可以这样一层层地嵌套下去,但函数调用一般不可以出现循环,图 3-2(右)所示是一个循环,函数 X 调用函数 Y,Y 又反过来调用 X,之后 X 又调用 Y,形成了死循环。

问题描述:

输入整数 n,计算 1+(1+2)+(1+2+3)+…+(1+2+3+…+n)的和。

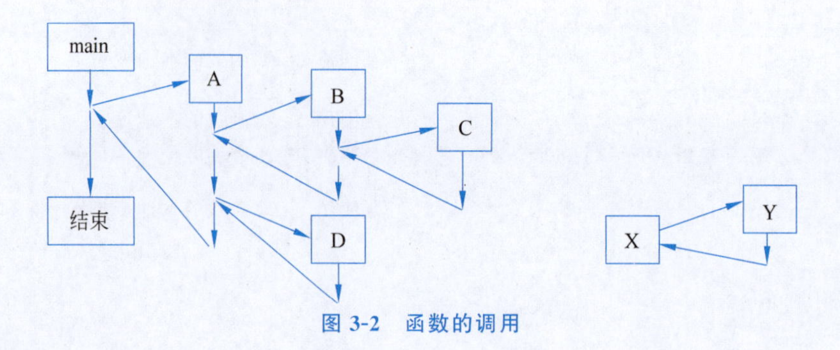

图 3-2 函数的调用

算法分析：

显然第 m 项是(1+2+…+m)，设计一个函数计算(1+2+…+m)的和，函数为 sum(m)，之后再累计 sum(1)+sum(2)+…+sum(n)就可以了。

示例代码如下：

```
#实例 3-3-1:ex3-3-1.py
#输入整数 n,计算 1+(1+2)+(1+2+3)+…+(1+2+3+…+n)的和
def sum(m):
    s=0
    for n in range(1,m+1):
        s=s+n
    return s
def sumAll(n):
    s=0
    for m in range(1,n+1):
        s=s+sum(m)
    return s
n=input("n=")
n=int(n)
print("总和是",sumAll(n))
```

运行结果：

```
n=3
总和是 10
```

问题描述：

输入一个正整数，找出它的所有素数因数。

算法分析：

例如，12 的因素有 1、2、3、4、6、12，但其中只有 1、2、3 是素数，因此 12 的素数因数为 1、2、3。

示例代码如下：

```
#实例 3-3-2:
#输入一个正整数,找出它的所有素数因数
>>> def IsPrime(m):
...     for n in range(2, m):
```

```
...         if m % n == 0:
...             return 0
...     return 1
...
>>> n = input("n=")
>>> n = int(n)
>>> for p in range(1, n+1):
...     if n % p == 0 and IsPrime(p) == 1:
...         print(p)
```

运行结果：

```
n=12
1
2
3
```

3.3.2　案例：验证哥德巴赫猜想

1. 案例描述

著名的哥德巴赫猜想预言任何一个大于 2 的偶数都可以分解成为两个素数的和，例如：6=3+3,8=3+5,10=5+5,12=5+7 等。请编写一个程序，验证在 100 以内的偶数都可以这样分解。

2. 案例分析

一个偶数 n 可以分解成两个数 p 与 q 的和，即 n=p+q，显然只要找到 p 与 q 都是素数的分解就可以，为此可以设计一个判断素数的函数：

```
IsPrime(m);
```

它用来判断 m 这个整数是否素数，如果是就返回 1，否则返回 0。通过调用 IsPrime(p) 及 IsPrime(q)就可以知道 p 与 q 是否同时为素数。

示例代码如下：

```
#实例 3-3-3:ex3-3-3.py
#案例:验证哥德巴赫猜想
>>> def IsPrime(m):
...     for n in range(2, m):
...         if m % n == 0:
...             return 0
...     return 1
...
>>> for n in range(2, 101, 2):
...     for p in range(3, n + 1, 2):
...         q = n - p
...         if IsPrime(p) and IsPrime(q):
...             print(n, "=", p, "+", q)
...             break
```

运行结果：

```
6=3+3
8=3+5
10=3+7
12=5+7
14=3+11
16=3+13
18=5+13
```

3.4 函数默认参数

3.4.1 默认参数的使用

函数默认参数是指在定义函数时为一些参数预先设定一个值，在调用时，如果不提供这个参数的实际值，就使用默认的参数值。例如：

```
#实例 3-4-1:ex3-4-1.py
def fun(a,b=1,c=2):
    print(a,b,c)
fun(0)
fun(1,2)
fun(1,2,3)
```

运行结果：

```
012
122
123
```

在fun(0)调用中，a=0，而没有为b、c提供参数值，故使用默认的b=1、c=2的值；在fun(1,2)调用中，a=1，b=2，而没有为c提供参数值，故使用默认的c=2的值；在fun(1,2,3)调用中，a=1，b=2，c=3，函数调用时，实际参数值是按顺序给函数参数的，也可以指定参数名称而不按顺序进行调用。在fun(a，b=1，c=2)调用中，我们把a称为位置参数(positional argument)，把b、c称为键值参数(keyword argument)。

3.4.2 默认参数的位置

Python规定默认的键值参数必须出现在函数中没有默认值的位置参数的后面，例如下面的函数是正确的：

```
def fun(a,b=1,c=2):
print(a,b,c)
```

但是下列函数是错误的：

```
def fun(a=0,b,c=2):
print(a,b,c)
```

因为键值参数 a=0 出现在了位置参数 b 的前面。

除了在定义函数时要求键值参数出现在位置参数的后面以外，在调用时也要求键值参数在位置参数的后面，例如：

```
def fun(a,b=1,c=2):
print(a,b,c)
```

那么调用：

```
fun(a=0,1,c=2)
```

是错误的，因为 a=0 是键值参数，它出现在了位置参数 1 的前面，但是下列调用是正确的：

```
fun(0)
fun(0,1)
fun(0,c=3)
fun(a=0)
```

一般来说，实际的位置参数值也可以赋值给函数的位置参数和键值参数，例如：

```
fun(0,1)
```

实际的键值参数也可以赋值给函数的位置参数与键值参数，例如：

```
fun(a=0,c=3)
```

3.4.3 案例：print()函数的默认参数

1. 案例描述

print()函数是使用频繁的函数之一，了解它的参数结构是十分重要的。

2. 案例分析

在 Python 的“＞＞＞”提示符下输入 help(print)并按 Enter 键，可以看到 print 函数的参数为

```
print(value,...,sep='',end='\n',file=sys.stdout,flush=False)
```

参数 sep=' '表示 print 中各个输出项的分隔符号是空格。

end='\n'表示 print 的结束符号是换行，这就是 print 输出的内容独占一行的原因。

file=sys.stdout 表示内容默认输出到标准输出设备，即控制台。

flush=False 表示输出的内容不是即刻发送到输出端。

3. 案例分析

设计程序改变 sep、end 参数，可以看到 print 语句的不同输出结果。例如：

```
print(1,2)
print(1,2,sep='-')
print("line")
print('line',end='*')
print('end')
```

运行结果：

```
12
1-2
line
line*end
```

由此可见，print(1,2)输出 1 与 2 的默认分隔符号是空格，但是 print(1,2,sep='-')输出 1 与 2 的分隔符号是“-”。

print("line")输出的 line 独占一行，但是 print('line',end='*')输出 line*，而且不独占一行，print('end')的 end 接在后面。

3.5 函数与异常

3.5.1 异常处理

1. 函数的异常捕捉

在 Python 中，如果一个函数抛出了一个异常，那么在调用函数的地方就可以捕捉到这个异常。例如：

```
#实例 3-5-1:ex3-5-1.py
#函数的异常捕捉
def fun():
    print("start")
    n=1/0
    print("end")
try:
    fun()
except Exception as err:
    print(err)
```

运行结果：

```
start
division by zero
```

由此可见，fun()函数中出现的异常在主程序调用 fun 时可以捕捉到，如果 Python 程序中的一个地方出现异常，那么异常就会传递到上一级调用的地方，这个过程会一直传递下去，直到异常被捕捉到为止。如果整个过程没有遇到捕捉语句，程序就会因异常而结束。因此，如果在 fun()中已经捕捉了异常，那么调用的主程序位置就捕捉不到了。例如：

```
#实例 3-5-2:ex3-5-2.py
#函数的异常捕捉
def fun():
    print("start")
    try:
        n=1/0
        print("end")
    except:
        print("error")
try:
    fun()
except Exception as err:
    print(err)
```

运行结果：

```
start
error
```

2. 异常的传递

示例代码如下：

```
#实例 3-5-3:ex3-5-3.py
#异常的传递
def A():
    print("startA")
    n=1/0
    print("endA")
def B():
    print("startB")
    A()
    print("endB")
try:
    B()
    print("done")
except Exception as err:
    print("finish")
```

运行结果：

```
startB
startA
finish
```

由此可见，函数A中出现的异常它自己没有捕捉，在调用函数B中也没有捕捉，最后在主程序中被捕捉到，即异常有传递性。在一个函数中，没有被捕捉的异常会传递给调用这个函数的其他函数，这个过程会一直传递下去，直到异常被捕捉为止，就不再往后传递了。例如：

```
#实例 3-5-4:ex3-5-4.py
#异常的传递
def A():
    print("startA")
    n=1/0
    print("endA")
def B():
    print("startB")
    try:
        A()
    except Exception as err:
        print(err)
    print("endB")
try:
    B()
    print("done")
except Exception as err:
    print(err)
```

运行结果：

```
startB
startA
division by zero
endB
done
```

如果出现的异常一直没有被捕获，那么就传递到系统，程序就会终止。例如：

```
#实例 3-5-5:ex3-5-5.py
#异常终止程序
def A():
    print("startA")
    n=1/0
    print("endA")
def B():
    print("startB")
    A()
    print("endB")
B()
print("finish")
```

运行结果：

```
startB
startA
Traceback(most recent call last):
File "e:/广东开放大学/pythoncode/chapter3/ex3-5-5.py",line 11,in <module>
B()
File "e:/广东开放大学/pythoncode/chapter3/ex3-5-5.py",line 9,in B
A()
```

```
File "e:/广东开放大学/pythoncode/chapter3/ex3-5-5.py",line 5,in A
n=1/0
```

3.5.2 案例：时间的输入与显示

1. 案例描述

输入一个有效的时间,并显示该时间。

2. 案例分析

设置时间格式为 h：m：s,输入时保证 h、m、s 的值有效,否则会抛出异常。

示例代码如下：

```
#实例 3-5-6:ex3-5-6.py
#时间的输入与显示
def myTime():
    h=input("时:")
    h=int(h)
    if h<0 or h>23:
        raise Exception("无效的时")
    m=input("分:")
    m=int(m)
    if m<0 or m>59:
        raise Exception("无效的分")
    s=input("秒:")
    s=int(s)
    if s<0 or s>59:
        raise Exception("无效的秒")
    print("%02d:%02d:%02d"%(h,m,s))
try:
    myTime()
except Exception as e:
    print(e)
```

执行时如果输入的时间正确,则显示该时间,例如：

```
时:23
分:12
秒:34
23:12:34
```

执行时如果输入的时间错误,则抛出异常,例如：

```
时:24
无效的时
```

3.6 模块

3.6.1 导入模块

模块是一个包含变量、函数或类的程序文件，模块中也可包含其他 Python 语句。

模块需要先导入，然后才能使用其中的变量、函数或者类等。可使用 import 或 from 语句导入模块，基本格式为

```
import 模块名称
import 模块名称 as 新名称
from 模块名称 import 导入对象名称
from 模块名称 import 导入对象名称 as 新名称
from 模块名称 import *
```

1. import 语句

import 语句用于导入整个模块，可用 as 为导入的模块指定一个新名称。导入模块后，可以使用“模块名称.对象名称”的格式来引用模块中的对象。例如：

```
>>>import math                              #导入模块
>>>math.fabs(-5)                            #调用模块中的函数
5.0
>>>math.e                                   #使用模块中的常量
2.718281828459045
>>>fabs(-5)                                 #试图直接使用模块中的函数,出错
Traceback(most recent call last):
  File "<stdin>",line 1,in <module>
NameError:name'fabs'is not defined
>>>import math as m                         #导入模块并指定新名称
>>>m.fabs(-5)                               #通过新名称调用模块函数
5.0
>>>m.e                                      #通过新名称使用模块常量
2.718281828459045
```

2. from 语句

from 语句用于导入模块中的指定对象，导入的对象可直接使用，不需要使用模块名称作为限定符，示例代码如下：

```
>>>from math import fabs                    #从模块导入指定函数
>>>fabs(-5)
5.0
>>>from math import e                       #从模块导入指定常量
>>>e
2.718281828459045
>>>from math import fabs as f1              #导入时指定新名称
>>>f1(-10)
10.0
```

3. from … import * 语句

使用星号时,可导入模块顶层的所有全局变量和函数。

示例代码如下:

```
>>>from math import *                     #导入模块顶层的全局变量和函数
>>>fabs(-5)                               #直接使用导入的函数
5.0
>>>e                                      #直接使用导入的常量
2.718281828459045
```

3.6.2　导入时执行模块

import 和 from 语句在执行导入操作时,会执行导入模块中的全部语句。只有执行了模块,模块中的变量和函数才会被创建,才能在当前模块中使用。只有在第一次执行导入操作时,才会执行模块;再次导入模块时,并不会重新执行模块。

import 和 from 语句是隐性的赋值语句,两者的区别如下。

- Python 执行 import 语句时,会创建一个模块对象和一个与模块文件同名的变量,并建立变量和模块对象的引用;模块中的变量和函数等均作为模块对象的属性使用;再次导入时,不会改变模块对象属性的当前值。
- Python 执行 from 语句时,会同时在当前模块和被导入模块中创建同名变量,这两个变量引用了同一个对象;再次导入时,会将被导入模块的变量的初始值赋给前一个模块的变量。

示例代码如下:

```
#模块文件 test.py
x=100                                      #赋值,创建变量 x
#输出字符串
print('这是模块 test.py 中的输出!')
#定义函数,执行时创建函数对象
def show():
    print('这是模块 test.py 中 show()函数中的输出!')
```

可以将 test.py 放在项目章节对应的目录中,然后进入系统命令提示符窗口,在章节对应的目录中执行 python.exe 进入 Python 交互环境。

示例代码如下:

```
>>>import test                   #导入模块,下面的输出说明模块在导入时被执行
这是模块 test.py 中的输出!
>>>test.x                        #使用模块变量
100
>>>test.x=200                    #为模块变量赋值
>>>import test                   #重新导入模块
>>>test.x                        #使用模块变量,输出结果显示重新导入未影响变量的值
200
>>>test.show()                   #调用模块函数
这是模块 test.py 中 show()函数中的输出!
```

```
>>>abc=test                                  #将模块变量赋值给另一个变量
>>>abc.x                                     #使用模块变量
200
>>>abc.show()                                #调用模块函数
这是模块 test.py 中 show()函数中的输出!
```

执行 import 导入后,模块与变量的关系如图 3-3 所示。

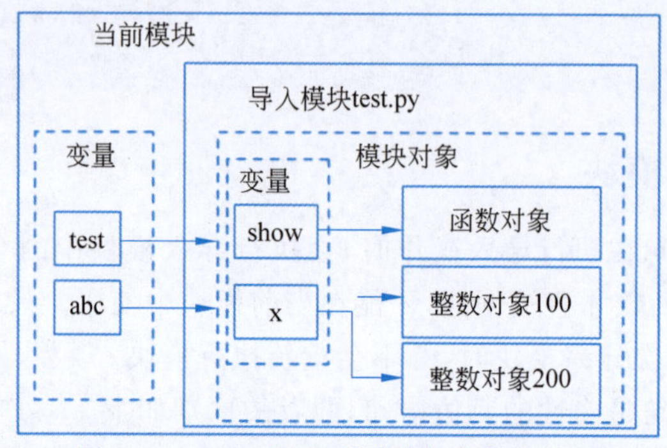

图 3-3 import 导入后模块与变量的关系

下面的代码使用 from 语句导入 test 模块。

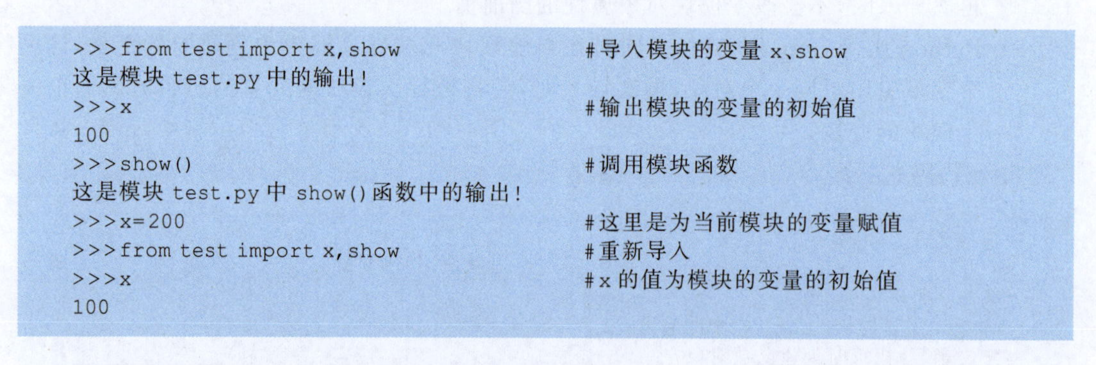

```
>>>from test import x,show                         #导入模块的变量 x、show
这是模块 test.py 中的输出!
>>>x                                               #输出模块的变量的初始值
100
>>>show()                                          #调用模块函数
这是模块 test.py 中 show()函数中的输出!
>>>x=200                                           #这里是为当前模块的变量赋值
>>>from test import x,show                         #重新导入
>>>x                                               #x 的值为模块的变量的初始值
100
```

在执行 from 语句时,test 模块的所有语句均被执行。from 语句将 test 模块的变量 x 和 show 赋给当前模块的变量 x 和 show。语句“x=200”为当前模块的变量 x 赋值,不会影响 test 模块的变量 x。在重新导入时,当前模块变量 x 被重新赋值为 test 模块的变量 x 的值。

执行 from 导入后,模块与变量的关系如图 3-4 所示。

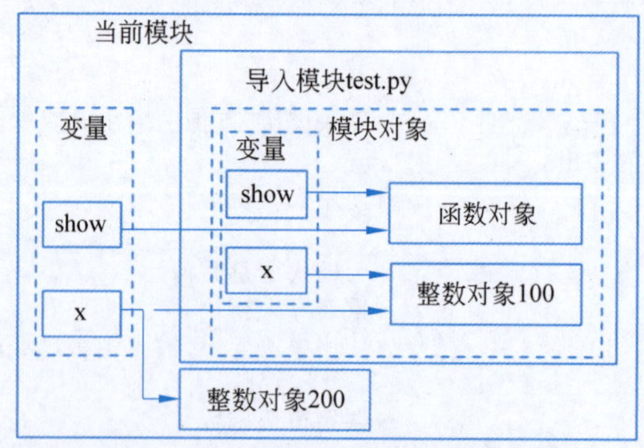

图 3-4 from 导入后模块与变量的关系

3.6.3　用 import 还是 from

使用 import 导入模块时，模块的变量使用“模块名.”作为限定词，所以不存在歧义，即使与其他模块的变量同名也没有关系。

使用 from 导入模块时，当前模块的同名变量引用了模块内部的对象，应注意引用模块变量与当前模块或其他模块的变量同名的情况。

1. 使用模块内的可修改对象

使用 from 导入模块时，可以直接使用变量引用模块中的对象，从而避免输入“模块名.”作为限定词，这种便利有时也会遇到麻烦。

在下面的模块 test3.py 中，变量 x 引用了整数对象 100（100 是不可修改对象），y 引用了一个可修改的列表对象。

```
x=100                   #赋值,创建整数对象 100 和变量 x,变量 x 引用整数对象 100
y=[10,20]               #赋值,创建列表对象[10,20]和变量 y,变量 y 引用列表对象
```

下面的代码使用 from 导入模块 test3。

```
>>>x=10                         #创建当前模块的变量 x
>>>y=[1,2]                      #创建当前模块的变量 y
>>>from test 3 import *         #引用模块中的 x 和 y
>>>x,y                          #输出结果显示确实引用了模块中的对象
(100,[10,20])
>>>x=200                        #赋值,使当前模块的变量 x 引用整数对象 200
>>>y[0]=['abc']                 #修改第一个列表元素,此时会修改模块中的列表对象
>>>import test3                 #再次导入模块
>>>test3.x,test3.y              #输出结果显示模块中的列表对象已被修改
(100,[['abc'],20])
```

2. 使用 from 导入两个模块中的同名变量

下面的两个模块 test4.py 和 test5.py 中包含同名的变量。

```
#test4.py
def show():
    print('out in test4.py')

#test5.py
def show():
    print('out in test5.py')
```

当两个模块存在同名变量时，使用 from 语句导入模块会导致变量名冲突，示例代码如下：

```
>>>from test4 import show
>>>from test5 import show
>>>show()
out in test5.py
>>>from test5 import show
```

```
>>>from test4 import show
>>>show()
out in test4.py
```

当两个模块存在同名变量时，应使用 import 语句导入模块，示例代码如下：

```
>>>import test4
>>>import test5
>>>test4.show()
out in test4.py
>>>test5.show()
out in test5.py
```

3.6.4 重新载入模块

再次使用 import 或 from 导入模块时，不会重新执行模块，所以不能使模块的所有变量全部恢复为初始值。

importlib 模块的 reload()函数可以重新载入并执行模块代码，从而使模块中的变量全部恢复为初始值。reload()函数用模块名称作为参数，所以只能重载使用 import 语句导入的模块。如果模块还没有导入，则执行 reload()函数时会出错。例如：

```
>>>import test                              #导入模块,模块代码被执行
这是模块 test.py 中的输出!
>>>test.x
100
>>>test.x=200
>>>import test                              #再次导入
>>>test.x                                   #再次导入没有改变当前值
200
>>>from imp import reload                   #导入 reload 函数
>>>reload(test)                             #重载模块,可以看到模块代码被再次执行
这是模块 test.py 中的输出!
<module'test'from'D:\\Python35\\test.py'>
>>>test.x                                   #因为模块代码再次执行,x 恢复为初始值
100
```

3.6.5 模块搜索路径

在导入模块时，Python 会执行下列 3 个步骤。

① 搜索模块文件：在导入模块时，Python 按特定的路径搜索模块文件。

② 必要时编译模块：找到模块文件后，Python 会检查文件的时间戳；如果字节码文件比源代码文件旧(源代码文件作了修改)，Python 就会执行编译操作，生成最新的字节码文件；如果字节码文件是最新的，则跳过编译环节；如果在搜索路径中只发现了字节码而没有发现源代码文件，则直接加载字节码文件；如果只有源代码文件，则 Python 会执行编译操作，生成字节码文件。

③ 执行模块：执行模块的字节码文件。

在导入模块时，不能在 import 或 from 语句中指定模块文件的路径，只能依赖于 Python 搜索路径。

可使用标准模块 sys 的 path 属性来查看当前搜索路径设置，示例代码如下：

```
>>>import sys
>>>sys.path
['','D:\\Python35\\python35.zip','D:\\Python35\\DLLs','D:\\Python35\\lib',
'D:\\Python35','D:\\Python35\\lib\\site-packages']
```

第一个空字符串表示 Python 的当前工作目录。Python 按照先后顺序依次搜索 path 列表中的路径。如果在 path 列表的所有路径中均未找到模块，则导入操作失败。

通常，sys.path 由 4 部分设置组成。

① Python 的当前工作目录(可用 os 模块中的 getcwd()函数查看当前目录名称)。

② 操作系统的环境变量 PYTHONPATH 中包含的目录(如果存在)。

③ Python 标准库目录。

④ 任何 pth 文件包含的目录(如果存在)。

Python 会按照上面的顺序搜索各个目录。

pth 文件通常放在 Python 安装目录中，文件名可以是任意的，例如 searchpath.pth。

在 pth 文件中，每个目录占一行，可包含多个目录，示例代码如下：

```
C:\myapp\hello
D:\pytemp\src
```

在 Windows 10 系统中配置环境变量 PYTHONPATH。

sys.path 列表在程序启动时会自动进行初始化，可在代码中对 sys.path 列表执行添加或删除操作。例如：

```
>>>from sys import path                    #导入 path 变量
>>>path                                    #显示当前搜索路径列表
…
>>>del path[1]                             #删除第二个搜索路径
>>>path
…
>>>path.append(r'D:\temp')                 #添加一条搜索路径
>>>path
…
```

3.6.6 嵌套导入模块

Python 允许任意层次的嵌套导入。每个模块都有一个名字空间，嵌套导入意味着名字空间的嵌套。在使用模块的变量名时，应依次使用模块名称作为限定符。

例如，有两个模块文件 test.py 和 test2.py，下面的代码说明了嵌套导入时应如何使用模块中的变量。

```
#test.py
x=100
def show():
    print('这是模块 test.py 中 show()函数中的输出!')
print('载入模块 test.py!')
import test2
#test2.py
x2=200
print('载入模块 test2.py!')
```

在交互模式下导入 test.py 的示例如下。

```
>>>import test                          #导入模块 test
载入模块 test.py!
载入模块 test2.py!
>>>test.x                               #使用 test 模块的变量
100
>>>test.show()                          #调用 test 模块的函数
这是模块 test.py 中 show()函数中的输出!
>>>test.test2.x2                        #使用嵌套导入的 test2 模块中的变量
200
```

3.6.7 查看模块对象属性

在导入模块时,Python 为模块文件创建了一个模块对象。模块中的各种对象是模块对象的属性。Python 会为模块对象添加一些内置属性,可使用 dir()函数查看对象属性。

3.6.8 __name__属性和命令行参数

示例代码如下:

```
#test7.py
if __name__=='__main__':
    #模块独立运行时,执行下面的代码
    def show():
    print('test7.py 独立运行')
    show()
    import sys
    print(sys.argv)                     #输出命令行参数
else:
    #作为导入模块时,执行下面的代码
    def show():
        print('test7.py 作为导入模块使用')
    print('test7.py 执行完毕!')         #该语句总会执行
```

3.6.9 隐藏模块变量

在使用 from…import * 导入模块变量时,会默认将模块顶层的所有变量导入,但模块中以单个下画线开头的变量(如_abc)不会被导入。

可以在模块文件开头使用__all__变量设置使用 from…import * 语句时导入的变量名。

from…import * 语句根据__all__列表导入变量名。只要是__all__列表中的变量，不管是否以下画线开头，均会被导入。例如：

```
#test8.py
x=100
_y=[1,2]
def _add(a,b):
    return a+b
def show():
    print('out from test8.py')
```

3.7 实践项目

3.7.1 项目一：模拟超市结账功能

1. 项目描述及算法分析

定义一个名称为 fun_checkout()的函数，该函数包括一个列表类型的参数，用于保存输入的金额，在该函数中计算合计金额和相应折扣，并将计算结果返回，最后在函数体外通过循环输入多个金额保存到列表中，并且将该列表作为 fun_checkout()函数的参数调用。

2. 参考代码

```
#实例 3-7-1:ex3-7-1.py
#项目一:模拟超市结账功能
def fun_checkout(money):
    '''
    功能:计算商品合计金额并进行折扣处理
    money:保存商品金额的列表
    返回商品的合计金额和折扣后的金额
    '''
    money_old=sum(money)                                    #计算合计金额
    money_new=money_old
    if 500<=money_old<1000:                                 #满 500 元可享受 9 折优惠
        money_new='{:.2f}'.format(money_old * 0.9)
    elif 1000<=money_old<=2000:                             #满 1000 元可享受 8 折优惠
        money_new='{:.2f}'.format(money_old * 0.8)
    elif 2000<=money_old<=3000:                             #满 2000 元可享受 7 折优惠
        money_new='{:.2f}'.format(money_old * 0.7)
    elif money_old>=3000:                                   #满 3000 元可享受 6 折优惠
        money_new='{:.2f}'.format(money_old * 0.6)
    return money_old,money_new                              #返回总金额和折扣后的金额

#************************调用函数********************************#
print("\n 开始结算…\n")
list_money=[]                                               #定义保存商品金额的列表
while True:
    #请不要输入非法的金额,否则将抛出异常
    inmoney=float(input("输入商品金额(输入 0 表示输入完毕):"))
```

```
    if int(inmoney)==0:
        break                                         #退出循环
    else:
        list_money.append(inmoney)                    #将金额添加到金额列表中
    money=fun_checkout(list_money)                    #调用函数
print("合计金额:",money[0],"应付金额:",money[1])      #显示应付金额
```

3. 运行结果

```
开始结算…
输入商品金额(输入 0 表示输入完毕):34
输入商品金额(输入 0 表示输入完毕):54
输入商品金额(输入 0 表示输入完毕):3333
输入商品金额(输入 0 表示输入完毕):255
输入商品金额(输入 0 表示输入完毕):0
合计金额:3676.0 应付金额:2205.60
```

3.7.2 项目二：导入两个模块计算周长

1. 项目描述及算法分析

创建两个模块，一个是矩形模块，其中包括计算矩形周长和面积的函数；另一个是圆形模块，其中包括计算圆形周长和面积的函数，然后在另一个 Python 文件中导入这两个模块，并调用相应的函数计算周长和面积，具体操作步骤如下。

① 创建矩形模块，对应的文件名为 ex3-7-2.py，在该文件中定义两个函数，一个用于计算矩形的周长，另一个用于计算矩形的面积。

② 创建圆形模块，对应的文件名为 circular.py，在该文件中定义两个函数，一个用于计算圆形的周长，另一个用于计算圆形的面积。

③ 创建一个名称为 compute.py 的 Python 文件，在该文件中，首先导入矩形模块的全部定义，然后导入圆形模块的全部定义，最后分别调用计算矩形周长的函数和计算圆形周长的函数。

示例代码如下：

```
#实例 3-7-2:rectangle.py
#项目二:导入两个模块计算周长
'''矩形模块'''
def rectangle_girth(width,height):
    '''功能:计算周长
    参数:width(宽度)、height(高)
    '''
    return(width+height)*2
def rectangle_area(width,height):
    '''功能:计算面积
    参数:width(宽度)、height(高)
    '''
    return width*height
if __name__=='__main__':
    print(rectangle_area(10,20))
```

```
#实例 3-7-3:circular.py
#项目二:导入两个模块计算周长
'''圆形模块'''
import math                                    #导入标准模块 math
PI=math.pi                                     #圆周率
def circular_girth(r):
    '''功能:计算周长
    参数:r(半径)
    '''
    return round(2 * PI * r,2)                 #计算周长并保留两位小数
def circular_area(r):
    '''功能:计算面积
    参数:r(半径)
    '''
    return round(PI * r * r,2)                 #计算面积并保留两位小数
if __name__=='__main__':
    print(circular_girth(10))

#实例 3-7-4:compute.py
from rectangle import *                        #导入矩形模块
from circular import *                         #导入圆形模块
if __name__=='__main__':
    print("圆形的周长为:",circular_girth(10))     #调用计算圆形周长的方法
    print("矩形的周长为:",rectangle_girth(10,20)) #调用计算矩形周长的方法
```

运行结果：

```
圆形的周长为:62.83
矩形的周长为:60
```

3.7.3 项目三：生成验证码

1. 项目描述及算法分析

创建一个名称为 checkcode.py 的文件，然后在该文件中导入 Python 标准模块中的 random 模块(用于生成随机数)，然后定义一个保存验证码的变量，再用 for 语句实现一个重复 4 次的循环，在该循环中，调用 random 模块提供的 randrange()和 randint()函数生成符合要求的验证码，最后输出生成的验证码。

示例代码如下：

```
#实例 3-7-5:checkcode.py
#项目:生成验证码
import random                          #导入标准模块中的 random
if__name__=='__main__':
    checkcode=""                       #保存验证码的变量
    for i in range(4):                 #循环 4 次
        index=random.randrange(0,4)    #生成 0~3 中的一个数
        if index!=i and index+1!=i:
            #生成 a~z 中的一个小写字母
            checkcode+=chr(random.randint(97,122))
```

```
        elif index+1==i:
            #生成 A~Z 中的一个大写字母
            checkcode+=chr(random.randint(65,90))
        else:
            #生成 1~9 中的一个数字
            checkcode+=str(random.randint(1,9))
    print("验证码:",checkcode)                #输出生成的验证码
```

2. 运行结果

```
验证码:oZb6
```

本章小结

Python 程序由包(package)、模块(module)和函数等组成，包是模块文件所在的目录，包的外层目录必须包含在 Python 的搜索路径中。

本章介绍了函数的定义、调用、参数、嵌套函数、lambda 函数、递归函数、函数列表，以及变量范围和函数异常，还介绍了模块的导入。

函数方便实用，可以很好地实现程序的模块化，使用 def 关键字即可定义函数。定义函数时，参数表中的参数称为形式参数(简称形参)，形参可以进一步细分为位置参数、赋值参数、可变参数等。

模块是一个包含变量、语句、函数定义的程序文件，模块需要在使用 import 或 from 语句导入后才能使用，执行导入操作时，导入的模块将会被自动执行。

使用 import 语句导入模块，需要查找到模块的文件路径。标准模块 sys 的 path 属性可用来查询当前的搜索路径。

课后习题

一、简答题

1. 请简述 Python 编程中函数和主程序函数的区别。

2. 请简述 Python 编程中函数参数多态性的特点，并举例说明。

3. 请简述 Python 中全局变量和本地变量的区别。

4. 在 Python 中，异常捕捉和异常传递是处理运行时错误的重要机制，这些机制确保了程序在遇到错误时能够以一种可预测和可控的方式响应。请简述 Python 中异常捕捉和异常传递的机制。

5. 请简述 Python 编程中导入模块的方式及区别。

二、编程题

1. 编写 Python 程序，使用 lambda 函数与 map 函数计算列表[1,2,3,4,5,6,7,8,9]各元素的平方，输出形式为列表。其中，lambda 函数负责对输入元素进行求平方操作，map 函数负责将列表中的每个元素都应用于 lambda，从而实现对每个元素进行平方运算，最后输

出结果。

2. 编写 Python 程序，定义函数，实现手动输入长方体的长、宽、高的值并计算长方体的体积。

3. 完全数是指该数的各因子(除该数本身外)之和正好等于该数本身，例如 6=1+2+3，28=1+2+4+7+14。编写 Python 程序，定义函数，实现手动输入一个整数，判断其是否为完全数。

4. 去超市购买 53 元的巧克力和 46 元的果冻，货币面值有 20、10、2、1 元，以付款货币数量最少为原则，请问需要付给超市多少数量的货币？请编写 Python 程序，定义函数，实现该算法。

5. 编写 Python 程序，定义 getInput()函数，实现①若用户输入整数，则直接输出整数并退出；②若用户输入的不是整数，则要求用户重新输入，直至用户输入整数为止。

6. 回文数是一个正读和反读都相同的数，如 121、232、343 等。请编写 Python 程序，定义函数，实现手动输入一个(100，1000)的整数 N，输出 100～N 的所有回文数；若输入的不是(100，1000)的整数，则要求用户重新输入。

第 4 章 组合数据类型

学习目标

- 了解字符串相关的基础知识。
- 掌握字符串的索引、切片、迭代、格式化。
- 掌握字符串处理函数和方法。
- 理解 bytes 字符串。
- 了解列表、元组、字典、集合的基本特点。
- 掌握列表、元组、字典、集合的基本操作和常用方法。

在解决实际问题时，常常会遇到批量数据的处理，例如全班学生某门课程的考试成绩，包括学号、姓名、性别、年龄、专业在内的学生信息等，这些数据定义成组合数据类型更便于处理。不仅如此，如果要编写程序进行数学中的矩阵运算、矢量运算等，都可以使用组合数据类型。更复杂一些的数据，例如全班学生若干课程的考试成绩，若干本书的书名、书号、定价等，也可以组织成组合数据类型进行处理。在 Python 中，组合数据类型包括列表、元组、字典和集合。字符串具有组合数据类型的部分性质。

根据数据之间的关系，组合数据类型可以分为 3 类：序列类型、映射类型和集合类型。序列类型包括列表、元组和字符串；映射类型用键值对表示数据，典型的映射类是字典；集合类型中的数据元素是无序的，集合中不允许有相同的元素存在。

4.1 字符串类型

4.1.1 字符串基础

1. 字符串的创建

字符串可以说是 Python 中最受欢迎的数据类型了。字符串在表示方面也更为灵活多变。Python 提供了 str 类型表示字符串，提供引号来创建(界定)字符串。

通常使用引号(单、双引号都行)来创建字符串，这是程序中最常用的形式。三引号(单、双引号都行)允许字符跨越多行，并在输出时保持原来的格式，字符串中可以包含换行符、制表符及其他特殊字符。主要用于一些特殊格式，例如文档型的字符串也可以用来对代码进行注释。但需要注意的是，只要不是三引号，就只能在一行内表示。

2. 转义字符

转义字符用于表示不能直接表示的特殊字符。Python 的常用转义字符如表 4-1 所示。

表 4-1　Python 的常用转义字符

转义字符	说　明
\\	反斜线
\'	单引号
\"	双引号
\a	响铃符
\b	退格符
\f	换页符
\n	换行符
\r	回车符
\t	水平制表符
\v	垂直制表符
\0	Null，空字符
\ooo	3 位八进制数对应的 ASCII 字符
\xhh	2 位十六进制数对应的 ASCII 字符

3. 空字符串

Python 把空字符串作为一个字符处理，示例代码如下：

```
>>>x='\0\101\102'
>>>x
'\x00AB'
>>>print(x)                             #打印字符串
AB
>>>len(x)                               #求字符串长度
3
```

4. Raw 字符串

Python 不会解析 Raw 字符串中的转义字符。Raw 字符串的典型应用是表示 Windows 系统中的文件路径。“mf=open('D:\temp\newpy.py','r')”中的 open 语句试图打开“D:\temp”目录中的 newpy.py 文件，Python 会将文件名字符串中的“\t”和“\n”处理为转义字符，从而导致错误。

可将文件名字符串中的反斜线表示为转移符。例如：

```
mf=open('D:\\temp\\newpy.py','r')
```

更简单的办法是用 Raw 字符串来表示文件名字符串。例如：

```
mf=open(r'D:\temp\newpy.py','r')
```

另一种替代办法是用正斜线表示文件名中的路径分隔符。例如：

```
mf=open('D:/temp/newpy.py','r')
```

5. 相关操作符

(1) in

字符串是字符的有序集合，可用 in 操作符判断字符串的包含关系。例如：

```
>>>x='abcdef'
>>>'a'in x
True
>>>'cde'in x
True
>>>'12'in x
False
```

(2) 空格

以空格分隔(或者没有分隔符号)的多个字符串可自动合并。例如：

```
>>>'12''34''56'
'123456'
```

(3) 加号

加法运算可以将多个字符串合并。例如：

```
>>>'12'+'34'+'56'
'123456'
```

(4) 星号

星号用于将字符串复制多次以构成新的字符串。例如：

```
>>>'12'*3
'121212'
```

(5) 逗号

在使用逗号分隔字符时，会创建用字符串组成的元组。例如：

```
>>>x='abc','def'
>>>x
('abc','def')
>>>type(x)
<class'tuple'>
```

4.1.2 字符串的索引

字符串是一个有序的集合，其中的每个字符均可通过偏移量进行索引或分片。字符串中的字符按从左到右的顺序，其偏移量依次为 0,1,2,…,len－1(最后一个字符的偏移量为字符串长度减 1)；按从右到左的顺序，其偏移量取负值，依次为 −len，…，−2，−1，如图 4-1 所示。

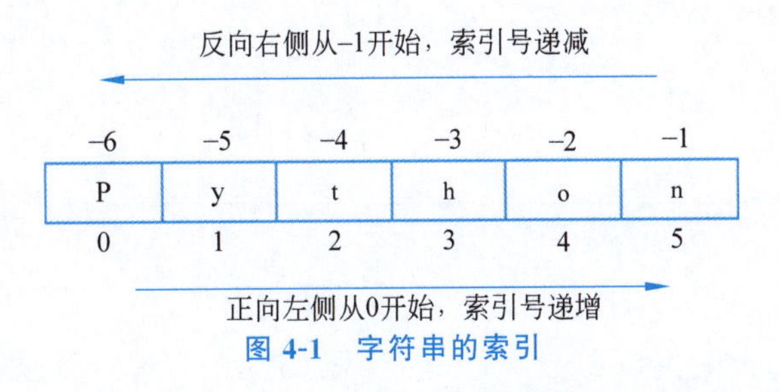

图 4-1　字符串的索引

索引指通过偏移量来定位字符串中的单个字符，示例代码如下：

```
>>>x='abcdef'
>>>x[0]                                  #索引第 1 个字符
'a'
>>>x[-1]                                 #索引最后一个字符
'f'
>>>x[3]                                  #索引第 4 个字符
'd'
```

索引可获得指定位置的单个字符，但不能通过索引来修改字符串，这是因为字符串对象不允许被修改，示例代码如下：

```
>>>x='abcd'
>>>x[0]='1'                              #试图修改字符串中的指定字符，出错
Traceback(most recent call last):
  File "<pyshell#54>",line 1,in <module>
x[0]='1'
TypeError:'str'object does not support item as signment
```

4.1.3　字符串的切片

字符串的切片也称为分片，它利用索引范围从字符串中获得连续的多个字符(子字符串)。字符串切片的基本格式为

```
x[start:end]
```

它表示返回字符串 x 中从偏移量 start 开始到偏移量 end 之前的子字符串。start 和 end 参数均可省略，start 默认为 0，end 默认为字符串长度。

默认情况下，切片是返回字符串中的多个连续字符，可以通过步长参数来跳过中间的字符，其基本格式为

```
x[start:end:step]
```

使用这种格式切片时，会依次跳过中间的 step−1 个字符，step 默认为 1。例如：

```
>>>x='abcdef'
>>>x[1:4]                        #返回偏移量为1到3的字符
'bcd'
>>>x[1:]                         #返回偏移量为1到末尾的字符
'bcdef'
>>>x[:4]                         #返回从字符串开头到偏移量为3的字符
'abcd'
>>>x[:-1]                        #除最后一个字符以外,其他字符全部返回
'abcde'
>>>x[:]                          #返回全部字符
'abcdef'
>>>x='0123456789'
>>>x[1:7:2]                      #返回偏移量为1、3、5的字符
'135'
>>>x[::2]                        #返回偏移量为偶数的全部字符
'02468'
>>>x[7:1:-2]                     #返回偏移量为7、5、3的字符
'753'
>>>x[::-1]                       #将字符串反序返回
'9876543210'
```

4.1.4 字符串的迭代

字符串是有序的字符集合，可用 for 循环迭代处理字符串，示例代码如下：

```
>>>for a in 'abc':               #变量a依次表示字符串中的每个字符
...     print(a)
...
a
b
c
```

4.1.5 字符串处理函数

1. 求字符串长度

字符串长度指字符串中包含的字符个数。

可用 len()函数获得字符串长度，示例代码如下：

```
>>>len('abcdef')
6
```

2. 字符串转换

可用 str()函数将非字符串数据转换为字符串，示例代码如下：

```
>>>str(123)                      #将整数转换为字符串
'123'
>>>str(1.23)                     #将浮点数转换为字符串
'1.23'
>>>str(2+4j)                     #将复数转换为字符串
```

```
'(2+4j)'
>>>str([1,2,3])                          #将列表转换为字符串
'[1,2,3]'
>>>str(True)                             #将布尔常量转换为字符串
'True'
```

在转换数字时，repr()和 str()的效果相同。

在处理字符串时，repr()会将一对表示字符串常量的单引号添加到转换之后的字符串中，示例代码如下：

```
>>>str(123),repr(123)
('123','123')
>>>str('123'),repr('123')
('123',"'123'")
>>>str("123"),repr("123")
('123',"'123'")
```

3. 求字符 Unicode 码

可以使用 ord()函数返回字符的 Unicode 码，示例代码如下：

```
>>>ord('A')
65
>>>ord('中')
20013
```

4. 将 Unicode 码转换为字符

可以使用 chr()函数返回 Unicode 码对应的字符，示例代码如下：

```
>>>chr(65)
'A'
>>>chr(20013)
'中'
```

4.1.6 字符串处理方法

字符串是 str 类型的对象，字符串处理方法的调用格式为

```
字符串.方法()
```

1. capitalize()

将字符串的第一个字母大写，其余字母小写，返回新的字符串，示例代码如下：

```
>>>'this is Python'.capitalize()
'This is python'
```

2. count(sub[,start[,end]])

返回字符串 sub 在当前字符串的[start,end]范围内出现的次数，省略范围时会查找整

个字符串,示例代码如下:

```
>>>'abcabcabc'.count('ab')                #在字符中统计 ab 出现的次数
3
>>>'abcabcabc'.count('ab',2)              #从第 3 个字符开始统计
2
```

3. endswith(sub[,start[,end]])

判断当前字符串的[start,end]范围内的子字符串是否以 sub 字符串结尾,示例代码如下:

```
>>>'abcabcabc'.endswith('bc')                #True
>>>'abcabcabc'.endswith('b')                 #False
```

4. startswith(sub[,start[,end]])

判断当前字符串的[start,end]范围内的子字符串是否以 sub 字符串开头,示例代码如下:

```
>>>'abcd'.startswith('ab')                   #True
>>>'abcd'.startswith('ac')                   #False
```

5. expandtabs(tabsize=8)

将字符串中的每个制表符(\t)替换为适当数量的空格,以便字符串中的文本在视觉上对齐。每 tabsize 个字符设为一个制表位。当 tabsize 默认为 8 时,设定的制表位在列 0、8、6,以此类推。示例代码如下:

```
>>>x='12\t34\t56'
>>>x#'12\t34\t56'
>>>x.expandtabs()                          #默认将每个制表符替换为 8 个空格
'12      34      56'
>>>x.expandtabs(0)                         #参数为 0 时删除全部制表符
'123456'
>>>x.expandtabs(4)                         #将每个制表符替换为 4 个空格
'12  34  56'
```

6. find(sub[,start[,end]])

在当前字符串的[start,end]范围内查找子字符串 sub,返回 sub 第一次出现的位置,没有找到时返回-1,示例代码如下:

```
>>>x='abcdabcd'
>>>x.find('ab')
0
>>>x.find('ab',2)
4
>>>x.find('ba')
-1
```

7. index(sub[,start[,end]])

与 find()方法相同，只是在未找到子字符串时产生 ValueError 异常，示例代码如下：

```
>>>x='abcdabcd'
>>>x.index('ab')                                #0
>>>x.index('ab',2)                              #4
>>>x.index('ba')
Traceback(most recent call last):
  File "<pyshell#7>",line 1,in <module>
x.index('ba')
ValueError:substring not found
```

8. rfind(sub[,start[,end]])

在当前字符串的[start,end]范围内查找子字符串 sub，返回 sub 最后一次出现的位置，没有找到时返回－1，示例代码如下：

```
>>>'abcdabcd'.rfind('ab')
4
```

9. rindex(sub[,start[,end]])

与 rfind()方法相同，只是在未找到子字符串时产生 ValueError 异常，示例代码如下：

```
>>>'abcdabcd'.rindex('ab')
4
```

10. format(args)

将字符串格式化，将字符串中用“{}”定义的替换域依次用参数 args 中的数据替换，示例代码如下：

```
>>>'My name is {0},age is{1}'.format('Tome',23)
'My name is Tome,age is 23'
>>>'{0},{1},{0}'.format(1,2)                    #重复使用替换域
'1,2,1'
format_map(map)
```

使用字典完成字符串格式化，示例代码如下：

```
>>>'My name is {name},age is{age}'.format_map({'name':'Tome','age':23})
'My name is Tome,age is 23'
```

11. isalnum()

当字符串不为空且仅包含数字或字母(包括各国文字)的字符时返回 True，否则返回 False，示例代码如下：

```
>>>'123'.isalnum()
True
>>>'123a'.isalnum()
True
>>>'123#asd'.isalnum()                          #包含非数字或字母的字符
False
```

```
>>>''.isalnum()                                    #空字符串,返回 False
False
>>>'中国'.isalnum()
True
```

12. isalpha()

当字符串不为空且其中的字符全部都是字母(包括各国文字)时返回 True,否则返回 False,示例代码如下:

```
>>>'abc'.isalpha()
True
>>>'abc@#'.isalpha()
False
>>>''.isalpha()
False
>>>'ab13'.isalpha()
False
>>>'中国'.isalpha()
True
>>>'中国!'.isalpha()
False
```

13. isdecimal()

当字符串不为空且其中的字符全部是十进制整数时返回 True,否则返回 False,示例代码如下:

```
>>>'123'.isdecimal()
True
>>>'+12.3'.isdecimal()
False
>>>'12.3'.isdecimal()
False
```

14. islower()

当字符串中的字母全部是小写字母时返回 True,否则返回 False。

15. isupper()

当字符串中的字母全部是大写字母时返回 True,否则返回 False。

16. isspace()

当字符串中的字符全部是空格时返回 True,否则返回 False。

17. ljust(width[,fillchar])

当字符串长度小于 width 时,在字符串末尾填充 fillchar,使其长度等于 width。默认填充字符为空格,示例代码如下:

```
>>>'abc'.ljust(8)
'abc'
>>>'abc'.ljust(8,'=')
'abc====='
```

18. lower()

将字符串中的字母全部转换成小写，示例代码如下：

```
>>>'This is ABC'.lower()
'this is abc'
```

19. upper()

将字符串中的字母全部转换成大写，示例代码如下：

```
>>>'This is ABC'.upper()
'THIS IS ABC'
```

20. lstrip([chars])

当未指定参数 chars 时，删除字符串开头的空格、回车符以及换行符，否则删除字符串开头包含在 chars 中的字符。

21. rstrip([chars])

当未指定参数 chars 时，删除字符串末尾的空格、回车符以及换行符，否则删除字符串末尾包含在 chars 中的字符。

22. strip([chars])

当未指定参数 chars 时，删除字符串首尾的空格、回车符以及换行符，否则删除字符串首尾包含在 chars 中的字符。

23. partition(sep)

参数 sep 是一个字符串，将当前字符串从 sep 第一次出现的位置分隔成 3 部分：sep 之前、sep 和 sep 之后，返回一个三元组。当没有找到 sep 时，返回由字符串本身和两个空格组成的三元组。

24. rpartition(sep)

与 partition()类似，只是从当前字符串的末尾开始查找第一个 sep。

25. replace(old,new[,count])

将当前字符串包含的 old 字符串替换为 new 字符串，省略 count 时会替换全部 old 字符串。当指定 count 时，最多替换 count 次。

26. split([sep],[maxsplit])

将字符串按照 sep 指定的分隔字符串分解，返回包含分解结构的列表。当省略 sep 时，以空格作为分隔符。maxsplit 指定分解次数。

27. swapcase()

将字符串中的字母大小写互换。

28. zfill(width)

如果字符串长度小于 width，则在字符串开头填充 0，使其长度等于 width。如果第一个字符为加号或减号，则在加号或减号之后填充 0。

4.1.7　字符串的格式化

字符串格式化表达式用“%”表示，基本格式为

```
格式字符串%(参数 1,参数 2,…)
```

“%”之前为格式字符串,“%”之后为需要填入格式字符串中的参数。多个参数之间用逗号分隔。当只有一个参数时,可省略圆括号。在格式字符串中,用格式控制符代表要填入的参数的格式。例如:

```
>>>'float(%s)'%5
'float(5)'
>>>"The %s's price is %4.2f"%('apple',2.5)
"The apple's price is 2.50"
```

Python 的格式控制符如表 4-2 所示。

表 4-2 Python 的格式控制符

格式控制符	说　明
s	将非 str 类型的对象用 str()函数转换为字符串
r	将非 str 类型的对象用 repr()函数转换为字符串
c	参数为单个字符(包括各国文字)或字符的 Unicode 码,将 Unicode 码转换为对应的字符
d、i	参数为数字,转换为带符号的十进制整数
o	参数为数字,转换为带符号的八进制整数
x	参数为数字,转换为带符号的十六进制整数,字母小写
X	参数为数字,转换为带符号的十六进制整数,字母大写
e	将数字转换为科学记数法格式(小写)
E	将数字转换为科学记数法格式(大写)
f、F	将数字转换为十进制浮点数
g	浮点格式。如果指数小于－4 或不小于精度(默认为 6),则使用小写指数格式,否则使用十进制格式
G	浮点格式。如果指数小于－4 或不小于精度(默认为 6),则使用大写指数格式,否则使用十进制格式

参数基本格式为

```
%[name][flags][width[.precision]]格式控制符
```

name 为圆括号括起来的字典对象的键;width 指定数字的宽度;precision 指定数字的小数位数;flags 为标识符,可使用下列符号。

- “＋”:在数值前面添加正数(＋)或负数(－)符号。
- “－”:在指定数字宽度时,当数字位数小于宽度时,将数字左对齐,末尾填充空格。
- “0”:在指定数字宽度时,当数字位数小于宽度时,在数字前面填充 0;和“＋”“－”同时使用时,“0”标识不起作用。
- “”:空格,在正数前面添加一个空格,表示符号位。

1. 格式控制符"s"与"r"

"s"用于将非 str 类型的对象用 str()函数转换为字符串,"r"用于将非 str 类型的对象用 repr()函数转换为字符串,示例代码如下:

```
>>>'%s%s%s'%(123,1.23,'abc')                #格式化整数、浮点数和字符串
'1231.23abc'
>>>'%r%r%r'%(123,1.23,'abc')                #格式化整数、浮点数和字符串
"1231.23'abc'"
```

2. 转换单个字符

格式控制符"c"用于转换单个字符,参数可以是单个字符或字符的 Unicode 码,示例代码如下:

```
>>>'123%c%c'%('a',65)
'123aA'
```

3. 整数的左对齐与宽度

在用 width 指定数字宽度时,若数字位数小于指定宽度,则默认在左侧填充空格,可用标识符"0"表示填充 0,而不是空格。

若使用了左对齐标志,则数字靠左对齐,并在其后填充空格以保证宽度。例如:

```
>>>'%d%d'%(123,1.56)           #未指定宽度时,数字原样转换,%d 会将浮点数转换为整数
'1231'
>>>'%6d'%123                   #指定宽度时,默认填充空格
'   123'
>>>'%-6d'%123                  #指定宽度时,同时左对齐
'123   '
>>>'%06d'%123                  #指定宽度并填充 0
'000123'
>>>'%-06d'%123                 #同时使用左对齐并填充 0,填充 0 无效,用空格代替
'123   '
>>>'%+6d%+6d'%(123,-123)       #用加号表示显示正负号,默认填充空格
'  +123  -123'
>>>'%+06d%+06d'%(123,-123)     #用加号表示显示正负号,填充 0
'+00123-00123'
```

4. 将十进制整数转换为八进制或十六进制

格式控制符"o"表示将十进制整数转换为八进制,"x"和"X"表示将十进制整数转换为十六进制,示例代码如下:

```
>>>'%o%o'%(100,-100)                 #按默认格式转换为八进制
'144-144'
>>>'%8o%8o'%(100,-100)               #指定宽度
'     144    -144'
>>>'%08o%08o'%(100,-100)             #指定宽度并填充 0
'00000144-0000144'
>>>'%x%X'%(445,-445)                 #按默认格式转换为十六进制
'1bd-1BD'
```

```
>>>'%8x%8X'%(445,-445)                          #指定宽度
'     1bd    -1BD'
>>>'%08x%08X'%(445,-445)                        #指定宽度并填充 0
'000001bd-00001BD'
```

5. 转换浮点数

在转换浮点数时,“%e”“%E”“%f”“%F”“%g”和“%G”略有不同,示例代码如下:

```
>>>x=12.3456789
>>>'%e%f%g'%(x,x,x)
'1.234568e+0112.34567912.3457'
>>>'%E%F%G'%(x,x,x)                             #注意%e、%g 和%E、%G 的大小写区别
'1.234568E+0112.34567912.3457'
>>>x=1.234e10
>>>'%e%f%g'%(x,x,x)
'1.234000e+1012340000000.0000001.234e+10'
>>>'%E%F%G'%(x,x,x)
'1.234000E+1012340000000.0000001.234E+10'
```

可以为浮点数指定左对齐、补零、添加正负号、指定宽度和小数位数等,示例代码如下:

```
>>>x=12.3456789
>>>'%8.2f%-8.2f%+8.2f%08.2f'%(x,x,x,x)
'   12.3512.35     +12.3500012.35'
```

6. 转换字典对象

在格式化字典对象时,在控制符中用键指定对应的字典项,示例代码如下:

```
>>>'%(name)s is %(age)d years old'%{'name':'Tome','age':25}
'Tome is 25 years old'
```

4.1.8 bytes 字符串

bytes 对象是一个不可变的字节对象序列,它是一种特殊的字符串,称为 bytes 字符串。bytes 字符串用前缀“b”表示。

- 单引号:b'a'、b'123'、b'abc'。
- 双引号:b"a"、b"123"、b"abc"。
- 3 个单引号或双引号:b'''Pythoncode'''、b"""Pythonstring"""。

在 bytes 字符串中,只能包含 ASCII 码字符,示例代码如下:

```
>>>x=b'abc'
>>>x
b'abc'
>>>type(x)                              #查看 bytes 字符串类型
<class'bytes'>
>>>b'汉字 anc'                          #在 bytes 字符串中使用非 ASCII 码字符时出错
SyntaxError:bytes can only contain ASCII literal characters.
```

bytes 字符串支持各种字符串操作。不同之处在于，当使用索引时，bytes 字符串会返回对应字符的 ASCII 码。例如：

```
>>>x=b'abc'
>>>x[0]                                    #获得字符 a 的 ASCII 码 97
97
```

可将 bytes 字符串转换为十六进制表示的 ASCII 码字符串。例如：

```
>>>b'abc'.hex()
'616263'
```

4.2　列表类型

4.2.1　列表基本特点

列表和元组都属于序列，序列支持索引、分片和合并等操作。列表可以包含任意类型的对象：数字、字符串、列表、元组或其他对象。字符串属于特殊的不可变序列。列表常量用方括号表示，例如[1,2,'abc']。列表的主要特点如下。

- 列表是一个有序序列。与字符串类似，可通过位置偏移量执行索引和分片操作。
- 列表是可变的。列表的长度可变，即可添加或删除列表成员。列表元素的值也可改变。
- 每个列表元素存储的是对象的引用，而不是对象本身，类似于 C/C++ 的指针数组。

4.2.2　列表基本操作

1. 创建列表

列表对象可以用列表常量或 list()函数来创建，示例代码如下：

```
>>>[]                                      #创建空列表对象
[]
>>>list()                                  #创建空列表对象
[]
>>>[1,2,3]                                 #用同类型数据创建列表对象
[1,2,3]
>>>[1,2,('a','abc'),[12,34]]               #用不同类型的数据创建列表对象
[1,2,('a','abc'),[12,34]]
>>>list('abcd')                            #用可迭代对象创建列表对象
['a','b','c','d']
>>>list(range(-2,3))                       #用连续整数创建列表对象
[-2,-1,0,1,2]
>>>list((1,2,3))                           #用元组创建列表对象
[1,2,3]
>>>[x+10 for x in range(5)]                #用解析结构创建列表对象
[10,11,12,13,14]
```

2. 求长度

可用 len()函数获得列表长度，示例代码如下：

```
>>>len([])
0
>>>len([1,2,('a','abc'),[3,4]])
4
```

3. 合并

加法运算可用于合并列表，示例代码如下：

```
>>>[1,2]+['abc',20]
[1,2,'abc',20]
```

4. 重复

乘法运算可用于创建具有重复值的列表，示例代码如下：

```
>>>[1,2]*3
[1,2,1,2,1,2]
```

5. 迭代

迭代操作可用于遍历列表元素，示例代码如下：

```
>>>x=[1,2,('a','abc'),[12,34]]
>>>for a in x:print(a)
…    print(a)
1
2
('a','abc')
[12,34]
```

6. 关系判断

可用 in 操作符判断对象是否属于列表，示例代码如下：

```
>>>2 in [1,2,3]
True
>>>'a' in [1,2,3]
False
```

7. 索引

与字符串类似，可以通过位置来索引列表元素，也可以通过索引修改列表元素，示例代码如下：

```
>>>x=[1,2,['a','b']]
>>>x[0]                                    #输出列表的第 1 个数据
1
>>>x[2]                                    #输出列表的第 3 个数据
['a','b']
>>>x[-1]                                   #用负数从列表末尾开始索引
```

```
['a','b']
>>>x[2]=100                                #修改列表的第 3 个数据
>>>x
[1,2,100]
```

8. 分片

与字符串类似，可以通过分片操作来获得列表中的连续多个数据，也可以通过分片操作将连续多个数据替换成新的数据，示例代码如下：

```
>>>x=list(range(10))                       #创建列表对象
>>>x
[0,1,2,3,4,5,6,7,8,9]
>>>x[2:5]                                  #返回分片列表
[2,3,4]
>>>x[2:]                                   #省略分片结束位置时，分片直到列表结束
[2,3,4,5,6,7,8,9]
>>>x[:5]                                   #省略分片开始位置时，分片从第 1 个数据开始
[0,1,2,3,4]

>>>x[3:10:2]                               #指定分片时偏移量步长，步长为 2
[3,5,7,9]

>>>x[3:10:-2]                              #步长为负数时，按相反顺序获得数据
[]
>>>x[10:3:-2]
[9,7,5]
>>>x[2:5]='abc'                            #通过分片替换多个数据
>>>x
[0,1,'a','b','c',5,6,7,8,9]

>>>x[2:5]=[10,20]                          #通过分片替换多个数据
>>>x
[0,1,10,20,5,6,7,8,9]
```

4.2.3　常用列表方法

1. 添加单个数据

append()方法用于在列表末尾添加一个数据，示例代码如下：

```
>>>x=[1,2]
>>>x.append('abc')
>>>x
[1,2,'abc']
```

2. 添加多个数据

extend()方法用于在列表末尾添加多个数据，参数为可迭代对象，示例代码如下：

```
>>>x=[1,2]
>>>x.extend(['a','b'])                     #用列表对象作参数
```

```
>>>x
[1,2,'a','b']
>>>x.extend('abc')                                  #用字符串作参数时,每个字符作为一个数据
>>>x
[1,2,'a','b','a','b','c']
```

3. 插入数据

insert()方法用于在指定位置插入数据,示例代码如下:

```
>>>x=[1,2,3]
>>>x.insert(1,'abc')
>>>x
[1,'abc',2,3]
```

4. 按值删除数据

remove()方法用于删除列表中的指定值。如果有重复值,则删除第一个值,示例代码如下:

```
>>>x=[1,2,2,3]
>>>x.remove(2)
>>>x
[1,2,3]
```

5. 按位置删除

pop()方法用于删除指定位置的对象,省略位置时,删除列表的最后一个对象,同时返回删除对象,示例代码如下:

```
>>>x=[1,2,3,4]
>>>x.pop()                                          #删除并返回最后一个对象
4
>>>x
[1,2,3]
>>>x.pop(1)                                         #删除并返回偏移量为 1 的对象
2
>>>x
[1,3]
```

6. 用 del 语句删除

可用 del 语句删除列表中的指定数据或分片,示例代码如下:

```
>>>x=[1,2,3,4,5,6]
>>>del x[0]                                         #删除第 1 个数据
>>>x
[2,3,4,5,6]
>>>del x[2:4]                                       #删除偏移量为 2、3 的数据
>>>x
[2,3,6]
```

7. 删除全部数据

clear()方法可删除列表中的全部数据,示例代码如下:

```
>>>x=[1,2,3]
>>>x.clear()
>>>x
[]
```

8. 复制列表

copy()方法可以复制列表对象,示例代码如下:

```
>>>x=[1,2,3]
>>>y=x.copy()
>>>y
[1,2,3]
```

9. 列表排序

sort()方法可将列表排序。若列表对象全部是数字,则从小到大排序,若列表对象全部是字符串,则按字典顺序排序;若列表包含多种类型,则会产生 TypeError 异常,示例代码如下:

```
>>>x=[10,2,30,5]
>>>x.sort()                                   #对数字列表排序
>>>x
[2,5,10,30]
>>>x=['bbc','abc','BBC','Abc']
>>>x.sort()                                   #对字符串列表排序
>>>x
['Abc','BBC','abc','bbc']

>>>x=[1,5,3,'bbc','abc','BBC']
>>>x.sort()                                   #对混合类型列表排序时出错
Traceback(most recent call last):
  File "<pyshell#115>",line 1,in <module>
x.sort()
TypeError:unorderable types:str()<int()
```

sort()方法通过按顺序使用"<"运算符比较列表元素以实现排序,它还支持自定义排序。可用 key 参数指定一个函数,sort()方法将列表元素作为参数调用该函数,函数返回值代替列表元素完成排序,示例代码如下:

```
>>>def getv(a):                          #返回字典中第1个"键:值"对中的值
...b=list(a.values())
...return b[0]
...
>>>x=[{'price':20},{'price':2},{'price':12}]
>>>x.sort(key=getv)                      #按列表中每个字典的第1个"键:值"对中的值排序
>>>x
[{'price':2},{'price':12},{'price':20}]
```

sort()方法默认从小到大排序,还可用 reverse 参数指定从大到小排序,示例代码如下:

```
>>>b=[12,5,9,8]
>>>b.sort(reverse=True)                    #从大到小排序
>>>b
[12,9,8,5]
>>>x.sort(key=getv,reverse=True)           #从大到小排序
>>>x
[{'price':20},{'price':12},{'price':2}]
```

10. 反转顺序

可用 reverse()方法将列表中数据的位置反转,示例代码如下:

```
>>>x=[1,2,3]
>>>x.reverse()
>>>x
[3,2,1]
```

4.3 元组类型

4.3.1 元组的特点和操作

元组可以看作不可变的列表,它具有列表的大多数特点。

元组常量用圆括号表示,如(1,2)、('a','b','abc')。元组的主要特点如下。

- 元组可包含任意类型的对象。
- 元组是有序的。元组中的对象可通过位置进行索引和分片。
- 元组的大小不能改变,即不能为元组添加对象,也不能删除元组中的对象。
- 元组中的对象不能改变。
- 元组中存储的是对象的引用,而不是对象本身。

1. 创建元组

可用元组常量或 tuple()方法来创建元组对象,示例代码如下:

```
>>>()                                  #创建空元组对象
()
>>>tuple()                             #创建空元组对象
()
>>>(2,)                                #包含一个对象的元组,不能缺少逗号
(2,)
>>>(1,2.5,'abc',[1,2])                 #包含不同类型对象的元组
(1,2.5,'abc',[1,2])
>>>1,2.5,'abc',[1,2]                   #元组常量可以省略括号
(1,2.5,'abc',[1,2])
>>>(1,2,('a','b'))                     #元组可以嵌套元组
(1,2,('a','b'))
>>>tuple('abcd')                       #用字符串创建元组,可迭代对象均可用于创建元组
('a','b','c','d')
>>>tuple([1,2,3])                      #用列表创建元组
(1,2,3)
```

```
>>>tuple(x * 2 for x in range(5))           #用解析结构创建元组
(0,2,4,6,8)
```

2. 求长度

len()函数可用于获得元组长度，示例代码如下：

```
>>>len((1,2,3,4))
4
```

3. 合并

加法运算可用于合并多个元组，示例代码如下：

```
>>>(1,2)+('ab','cd')+(2.45,)
(1,2,'ab','cd',2.45)
```

4. 重复

乘法运算可用于合并多个重复的元组，示例代码如下：

```
>>>(1,2) * 3
(1,2,1,2,1,2)
```

5. 迭代

可用迭代方法遍历元组中的各个对象，示例代码如下：

```
>>>for x in(1,2.5,'abc',[1,2]):print(x)
...
```

6. 关系判断

in 操作符可用于判断对象是否属于元组，示例代码如下：

```
>>>2 in (1,2)
True
>>>5 in (1,2)
False
```

7. 索引和分片

可通过位置对元组对象进行索引和分片，示例代码如下：

```
>>>x=tuple(range(10))
>>>x
(0,1,2,3,4,5,6,7,8,9)
>>>x[1]
1
>>>x[-1]
9
>>>x[2:5]
(2,3,4)
>>>x[2:]
```

```
(2,3,4,5,6,7,8,9)
>>>x[:5]
(0,1,2,3,4)
>>>x[1:7:2]
(1,3,5)
>>>x[7:1:-2]
(7,5,3)
```

4.3.2 元组的方法

1. count()方法

count()方法用于返回指定值在元组中出现的次数，示例代码如下：

```
>>>x=(1,2)*3
>>>x
(1,2,1,2,1,2)
>>>x.count(1)                              #返回 1 在元组中出现的次数
3
>>>x.count(3)                              #元组不包含指定值时，返回 0
0
```

2. index(value,[start,[end]])方法

当未用 start 和 end 指定范围时，返回指定值在元组中第一次出现的位置；当指定范围时，返回指定值在指定范围内第一次出现的位置，示例代码如下：

```
>>>x=(1,2,3)*3
>>>x
(1,2,3,1,2,3,1,2,3)
>>>x.index(2)                              #默认查找全部元组
1
>>>x.index(2,2)                            #从偏移量 2 到元组末尾查找
4
>>>x.index(2,2,7)                          #在范围[2:7]内查找
4
>>>x.index(5)                              #如果元组不包含指定的值，则出错
Traceback(most recent call last):
  File "<pyshell#171>",line 1,in <module>
x.index(5)
ValueError:tuple.index(x):x not in tuple
```

4.4 字典类型

4.4.1 字典的特点

字典是一种无序的映射集合，包含一系列的“键：值”对。字典常量用花括号表示，例如{'name'：'John','age'：25,'sex'：'male'}。其中，字符串'name' 'age' 'sex'为键，字符串'John'和

'male'以及数字 25 为值。

字典的主要特点如下。

- 字典的键名称通常采用字符串，也可以用数字、元组等不可变类型。
- 字典的值可以是任意类型。
- 字典也称为关联数组或散列表，它通过键映射到值。字典是无序的，它通过键来访问映射的值，而不是通过位置来索引。
- 字典属于可变映射，可修改键映射的值。
- 字典长度可变，可为字典添加或删除“键：值”对。
- 字典可以任意嵌套，即键映射的值可以是一个字典。
- 字典存储的是对象的引用，而不是对象本身。

4.4.2　字典的常用操作

1. 创建字典

示例代码如下：

```
>>>{}                                              #创建空字典
{}
>>>dict()                                          #创建空字典
{}
>>>{'name':'John','age':25,'sex':'male'}           #使用字典常量
{'sex':'male','age':25,'name':'John'}
>>>{'book':{'Python 编程':100,'C++入门':99}}        #使用嵌套的字典
{'book':{'C++入门':99,'Python 编程':100}}
>>>{1:'onw',2:'two'}                               #将数字作为键
{1:'onw',2:'two'}
>>>{(1,3,5):10,(2,4,6):50}                         #将元组作为键
{(1,3,5):10,(2,4,6):50}
>>>dict(name='Jhon',age=25)                        #使用赋值格式的"键:值"对创建字典
{'age':25,'name':'Jhon'}
>>>dict([('name','Jhon'),('age',25)])              #使用包含"键:值"对元组的列表创建字典
{'name':'Jhon','age':25}
>>>dict.fromkeys(['name','age'])                   #创建无映射值的字典,默认值为 None
{'age':None,'name':None}

>>>dict.fromkeys(['name','age'],0)                 #创建值相同的字典
{'age':0,'name':0}

>>>dict.fromkeys('abc')                            #使用字符串创建无映射值的字典
{'b':None,'a':None,'c':None}
>>>dict.fromkeys('abc',10)                         #使用字符串和映射值创建字典
{'b':10,'a':10,'c':10}
>>>dict.fromkeys('abc',(1,2,3))
{'a':(1,2,3),'b':(1,2,3),'c':(1,2,3)}
>>>dict(zip(['name','age'],['John',25]))           #使用 zip 解析"键:值"列表创建字典
{'age':25,'name':'John'}
>>>x={}                                            #先创建一个空字典
```

```
>>>x['name']='John'                                 #通过赋值添加"键:值"对
>>>x['age']=25
>>>x
{'age':25,'name':'John'}
```

2. 求长度

len()函数可返回字典长度，即“键：值”对的个数，示例代码如下：

```
>>>len({'name':'John','age':25,'sex':'male'})
3
```

3. 关系判断

in 操作符可用于判断字典是否包含某个键，示例代码如下：

```
>>>'name' in {'name':'John','age':25,'sex':'male'}
True
>>>'date' in {'name':'John','age':25,'sex':'male'}
False
```

4. 索引

字典可通过键来索引其映射的值，示例代码如下：

```
>>>x={'book':{'Python编程':100,'C++入门':99},'publish':'清华大学出版社'}
>>>x['book']
{'C++入门':99,'Python编程':100}
>>>x['publish']
'清华大学出版社'
>>>x['book']['Python编程']                      #用两个键索引嵌套的字典元素
100
```

可通过索引修改映射值，示例代码如下：

```
>>>x=dict(name='John',age=25)
>>>x
{'age':25,'name':'John'}
>>>x['age']=30                                  #修改映射值
>>>x
{'age':30,'name':'John'}
>>>x['phone']='17055233456'                     #为不存在的键赋值，为字典添加"键:值"对
>>>x
{'phone':'17055233456','age':30,'name':'John'}
```

也可通过索引删除“键:值”对，示例代码如下：

```
>>>x={'name':'John','age':25}
>>>del x['name']                                #删除"键:值"对
>>>x
{'age':25}
```

4.4.3　字典常用方法

1. clear()

clear()方法用来删除全部字典对象,示例代码如下:

```
>>>x=dict(name='John',age=25)
>>>x.clear()
>>>x
{}
```

2. copy()

copy()方法用来复制字典对象,示例代码如下:

```
>>>x={'name':'John','age':25}
>>>y=x                                           #直接赋值时,x 和 y 引用同一个字典
>>>y
{'name':'John','age':25}
>>>y['name']='Curry'                             #通过 y 修改字典
>>>x,y                                           #显示结果相同
({'age':25,'name':'Curry'},{'age':25,'name':'Curry'})
>>>y is x                                        #判断是否引用相同对象
True
>>>y=x.copy()                                    #y 引用复制的字典
>>>y['name']='Python'                            #此时不影响 x 的引用
>>>x,y
({'age':25,'name':'Curry'},{'age':25,'name':'Python'})
>>>y is x                                        #判断是否引用相同对象
False
```

3. get(key[,default])

get()方法用来返回键 key 映射的值。如果键 key 不存在,则返回空值。可用 default 参数指定键不存在时的返回值,示例代码如下:

```
>>>x={'name':'John','age':25}
>>>x.get('name')                                 #返回映射值
'John'
>>>x.get('addr')                                 #不存在的键返回空值
>>>x.get('addr','xxx')                           #不存在的键返回指定值
'xxx'
```

4. pop(key[,default])

pop()方法用来从字典中删除"键:值"对,并返回映射值。若键不存在,则返回 default;若键不存在且未指定 default 参数,则删除键会出错,示例代码如下:

```
>>>x={'name':'John','age':25}
>>>x.pop('name')                                 #删除键并返回映射值
'John'
>>>x
```

```
{'age':25}
>>>x.pop('sex','xxx')                    #删除不存在的键,返回 default 参数值
'xxx'

>>>x.pop('sex')                          #删除不存在的键,未指定 default 参数,出错
Traceback(most recent call last):
File "<pyshell#252>",line 1,in<module>
x.pop('sex')
KeyError:'sex'
```

5. popitem()

popitem()方法用来从字典中删除“键：值”对,同时返回“键：值”对元组。空字典调用该方法会产生 KeyError 错误,示例代码如下：

```
>>>x={'name':'John','age':25}
>>>x.popitem()                           #删除“键:值”对并返回元组
('age',25)
>>>x                                     #x 中剩余一个“键:值”对
{'name':'John'}
>>>x.popitem()                           #删除“键:值”对并返回元组
('name','John')
>>>x                                     #x 为空字典
{}
>>>x.popitem()                           #空字典产生 KeyError 错误
Traceback(most recent call last):
File "<pyshell#3>",line 1,in<module>
x.popitem()
KeyError:'popitem():dictionary is empty'
```

6. setdefault(key[,default])

setdefault()方法用于返回映射值或者为字典添加“键：值”对。若指定的键 key 在字典中存在,则返回映射值;若指定的键 key 不存在,则将“键：值”对“key：default”添加到字典。当省略 default 时,映射值默认为 None,示例代码如下：

```
>>>x={'name':'John','age':25}
>>>x.setdefault('name')             #返回指定键的映射值
'John'
>>>x.setdefault('sex')              #键不存在,为字典添加“键:值”对,映射值默认为 None
>>>x
{'sex':None,'age':25,'name':'John'}
>>>x.setdefault('phone','123456')#添加“键:值”对
'123456'
>>>x
{'sex':None,'phone':'123456','age':25,'name':'John'}
```

7. update(other)

update()方法用于为字典添加“键：值”对。参数 other 可以是另一个字典或用赋值格式表示的元组。若字典已存在同名的键,则映射值被覆盖,示例代码如下：

```
>>>x={'name':'John','age':25}
>>>x.update({'age':30,'sex':'male'})                   #添加"键:值"对,并覆盖同名键的映射值
>>>x                                                    #age 的映射值已被修改
{'sex':'male','age':30,'name':'John'}
>>>x.update(name='Mike')                                #修改映射值
>>>x
{'sex':'male','age':30,'name':'Mike'}
>>>x.update(code=110,address='NewStreet')  #添加"键:值"对
>>>x
{'sex':'male','address':'NewStreet','age':30,'code':110,'name':'Mike'}
```

4.4.4　字典视图

1. items()

items()方法返回"键：值"对视图,示例代码如下：

```
>>>x={'name':'John','age':25}
>>>y=x.items()                              #返回"键:值"对视图
>>>y                                        #"键:值"对视图为 dict_items 对象
dict_items([('age',25),('name','John')])

>>>list(y)                                  #将"键:值"对视图转换为列表
[('age',25),('name','John')]
>>>for a in y:print(a)                      #迭代"键:值"对视图
...
('age',25)
('name','John')

>>>x['age']=30                              #修改字典
>>>x
{'age':30,'name':'John'}
>>>y                                        #从显示结果可以看出视图反映了字典中的修改内容
dict_items([('age',30),('name','John')])
```

2. keys()

keys()方法返回字典中所有键的视图,示例代码如下：

```
>>>x={'name':'John','age':25}
>>>y=x.keys()                                    #返回键的视图
>>>y                                             #显示键视图,键视图为 dict_keys 对象
dict_keys(['age','name'])
```

4.5　集合类型

4.5.1　集合常量

集合(set)是 Python 2.4 引入的一种类型。集合常量用花括号表示,例如{1,2,3}。集合中的元素具有唯一、无序和不可改变等特点。集合支持数学理论中的各种集合运算。集

合常量用大括号表示，也可用内置的 set()函数创建集合对象，示例代码如下：

```
>>>x={1,2,3}                              #直接使用集合常量
>>>x
{1,2,3}
>>>type(x)                                #测试集合对象的类型名称
<class'set'>
>>>set({1,2,3})                           #用集合常量作参数创建集合对象
{1,2,3}
>>>set([1,2,3])                           #用列表常量作参数创建集合对象
{1,2,3}
>>>set('123abc')                          #用字符串常量作参数创建集合对象
{'a','3','b','c','2','1'}
>>>set()                                  #创建空集合
set()
>>>type({})                               #{}表示空字典对象
<class'dict'>
```

集合中的元素不允许有重复值，在创建集合对象时，Python 会自动去掉重复值，示例代码如下：

```
>>>{1,1,2,2}
{1,2}
>>>set([1,1,2,2])
{1,2}
```

Python 3.0 还引入了集合解析构造方法，示例代码如下：

```
>>>{x for x in[1,2,3,4]}
{1,2,3,4}
>>>{x for x in'abcd'}
{'c','a','b','d'}
>>>{x**2 for x in[1,2,3,4]}
{16,1,4,9}
>>>{x * 2 for x in'abcd'}
{'aa','bb','cc','dd'}
```

4.5.2 集合运算

集合对象支持求长度、判断包含、求差集、求并集、求交集、求对称差和比较等运算，示例代码如下：

```
>>>x={1,2,'a','bc'}
>>>y={1,'a',5}
>>>len(x)    #求长度:计算集合中元素的个数
4
>>>'a' in x  #判断包含:判断集合是否包含数据
True
>>>x - y     #求差集:用属于 x 但不属于 y 的元素创建新集合
{2,'bc'}
```

```
>>>x|y        #求并集:用 x、y 两个集合中的所有元素创建新集合
{1,2,'a','bc',5}
>>>x&y        #求交集:用同时属于 x 和 y 的元素创建新集合
{1,'a'}
>>>x^y        #求对称差:用属于 x 但不属于 y 以及属于 y 但不属于 x 的元素创建新集合
{2,5,'bc'}
>>>x<y        #比较:判断子集和超集的关系,当 x 是 y 的子集时返回 True,否则返回 False
False
>>>{1,2}<x
True
```

4.5.3 集合基本操作

集合对象元素的值不支持修改,可以复制集合、为集合添加或删除元素,示例代码如下:

```
>>>x={1,2}
>>>y=x.copy()                          #复制集合对象
>>>y
{1,2}
>>>x.add('abc')                        #为集合添加一个元素
>>>x
{1,2,'abc'}
>>>x.update({10,20})                   #为集合添加多个元素
>>>x
{1,2,10,20,'abc'}
>>>x.remove(10)                        #从集合中删除指定元素
>>>x
{1,2,20,'abc'}
>>>x.remove(50)                        #删除不存在元素时会报错
Traceback(most recent call last):
File "<stdin>",line 1,in<module>
KeyError:50
>>>x.discard(20)                       #从集合中删除指定元素
>>>x
{1,2,'abc'}
>>>x.discard(50)                       #删除不存在元素时不报错
>>>x.pop()                             #从集合中随机删除一个元素,并返回该元素
1
>>>x
{2,'abc'}
>>>x.clear()                           #删除集合中的全部元素
>>>x
set()
```

集合可用 for 循环执行迭代操作,示例代码如下:

```
>>>x={1,2,3}
>>>for a in x:print(a)
…
1
2
3
```

集合元素是不可改变的,因此不能将可变对象放入集合。集合、列表和字典对象均不能加入集合。元组可以作为一个元素加入集合,示例代码如下:

```
>>>x={1,2}
>>>x
{1,2}
>>>x.add({1})                                    #不能将集合对象加入集合
Traceback(most recent call last):
File"<pyshell#25>",line 1,in<module>
x.add({1})
TypeError:unhashable type:'set'
>>>x.add([1,2,3])                                #不能将列表对象加入集合
Traceback(most recent call last):
File"<pyshell#28>",line 1,in<module>
x.add([1,2,3]
TypeError:unhashable type:'list'
>>>x.add({'Mon':1})                              #不能将字典对象加入集合
Traceback(most recent call last):
File"<pyshell#29>",line 1,in<module>
x.add({'Mon':1})
TypeError:unhashable type:'dict'
>>>x.add((1,2,3))                                #可以将元组加入集合
>>>x
{1,2,(1,2,3)}
```

4.5.4 冻结集合

Python 提供了一种特殊的集合——冻结集合(frozenset)。冻结集合是一个不可改变的集合,可将其作为其他集合的元素,冻结集合的输出格式与普通集合不同,示例代码如下:

```
>>>x=frozenset([1,2,3])                          #创建冻结集合
>>>print(x)                                      #输出冻结集合
frozenset({1,2,3})
>>>y=set([4,5])
>>>y.add(x)                                      #将冻结集合作为元素加入另一个集合
>>>y
{frozenset({1,2,3}),4,5}
>>>x.add(10)                                     #试图为冻结集合添加元素会发生错误
Traceback(most recent call last):
  File"<pyshell#44>",line 1,in<module>
x.add(10)
AttributeError:'frozenset' object has no attribute 'add'
```

4.6 实践项目

4.6.1 项目一:使用二维列表输出不同版式的古诗

1. 项目描述及算法分析

在代码中先定义 4 个字符串,内容是王维的《鹿柴》诗句,并定义一个二维列表,然后应

用嵌套的 for 循环将古诗以横板方式输出，再将二维列表进行逆序排列，最后应用嵌套 for 循环将古诗以竖版方式输出。

2. 参考代码

```
#实例 4-6-1:ex4-6-1.py
#项目一:使用二维列表输出不同版式的古诗
str1="空山不见人"
str2="但闻人语响"
str3="返景入深林"
str4="复照青苔上"
verse=[list(str1),list(str2),list(str3),list(str4)]  #定义一个二维列表
print("\n--横版--\n")
for i in range(4):                                   #循环古诗的每一行
    for j in range(5):                               #循环每一行的每个字(列)
        if j==4:                                     #如果是一行中的最后一个字
            print(verse[i][j])                       #换行输出
        else:
            print(verse[i][j],end="")                #不换行输出

verse.reverse()                                      #对列表进行逆序排列
print("\n--竖版--\n")
for i in range(5):                                   #循环每一行的每个字(列)
    for j in range(4):                               #循环新逆序排列后的第一行
        if j==3:                                     #如果是最后一行
            print(verse[j][i])                       #换行输出
        else:
            print(verse[j][i],end="")                #不换行输出
```

3. 运行结果

```
-- 横版 --

空山不见人
但闻人语响
返景入深林
复照青苔上

-- 竖版 --

复返但空
照景闻山
青入人不
苔深语见
上林响人
```

4.6.2　项目二：使用列表实现素数筛法

1. 项目描述及算法分析

使用 Python 语言实现厄拉多塞筛法：输入一个自然数 n，并找出 2～n 的所有素数。使用列表(list)数据类型，用于存放批量数据。

在本项目中把它作为数表，用来存放要筛选的一批自然数。在使用厄拉多塞筛法时，创建一个双重的计数型循环结构，用来删除数表中的合数。外层循环用于从数表的头部到尾

部逐个读取数表中的素数，内层循环用于从该素数的下一个数开始，逐个删除数表中该素数的倍数。

2. 参考代码

```
#实例 4-6-2:ex4-6-2.py
#项目二:使用列表实现素数筛法
#输入筛选的上界
n=int(input('请输入一个自然数:'))
#生成数表
a=list(range(2,n+1))
#筛选素数
i=0
while i<len(a):
    j=i+1
    while j<len(a):
        if a[j]%a[i]==0:
            a.pop(j)
        else:
            j=j+1
    i=i+1
#输出素数
print('在自然数 2~%d 中找到%d 个素数,列表如下:'%(n,len(a)))
print(a)
```

3. 运行结果

```
请输入一个自然数：14
在自然数2~14中找到6个素数,列表如下：
[2, 3, 5, 7, 11, 13]
```

4.6.3 项目三：使用字典实现根据星座测试性格特点

1. 项目描述及算法分析

创建两个字典，一个保存名字和星座，另一个保存星座和性格特点，最后从这两个字典中取出相应的信息，组合出想要的结果并输出。

2. 参考代码

```
#实例 4-6-3:ex4-6-3.py
#项目三:使用字典实现根据星座测试性格特点
name=['张三','李四','王五','钱六']                                    #作为键的列表
sign_person=['水瓶座','射手座','双鱼座','双子座']                      #作为值的列表
person_dict=dict(zip(name,sign_person))                              #转换为个人字典
sign_all=['白羊座','金牛座','双子座','巨蟹座','狮子座','处女座','天秤座','天蝎座',
'射手座','摩羯座','水瓶座','双鱼座']
nature=['有一种让人看见就觉得开心的感觉,阳光、乐观、坚强,性格直来直去,就是有点小脾气。',
'很保守,喜欢稳定,一旦有什么变动就会觉得心里不踏实,性格比较慢热,是个理财高手。','喜欢
追求新鲜感,有点小聪明,耐心不够,因你的可爱性格会让很多人喜欢和你做朋友。','情绪容易敏
感,缺乏安全感,做事情有坚持到底的毅力,为人重情重义,对朋友和家人特别忠实。','有着远大
的理想,总想靠自己的努力成为人上人,总是期待被仰慕、被崇拜的感觉。','坚持追求自己的完美
主义者。','追求平等、和谐,交际能力强,因此朋友较多,最大的缺点就是面对选择时总是犹豫不
决。','精力旺盛,占有欲强,对于生活很有目标,不达目的誓不罢休,复仇心重。','崇尚自由,勇
```

```
敢、果断、独立,身上有一股勇往直前的劲儿,只要想做就能做。','最有耐心,做事最小心,做事脚踏实地,比较固执,不达目的不罢休,而且非常勤奋。','人很聪明,最大的特点是创新,追求独一无二的生活,个人主义色彩很浓重的星座。','集所有星座的优缺点于一身,最大的优点是有一颗善良的心,愿意帮助别人。']
sign_dict=dict(zip(sign_all,nature))                                #转换为星座字典
print("【王五】的星座是",person_dict.get("王五"))                       #输出星座
print("\n 他的性格特点是:\n\n",sign_dict.get(person_dict.get("王五")))
                                                                    #输出性格特点
```

3. 运行结果

```
【王五】的星座是 双鱼座

他的性格特点是:

集所有星座的优缺点于一身，最大的优点是有一颗善良的心，愿意帮助别人。
```

4.6.4　项目四：使用集合进行交集、并集和差集运算

1. 项目描述及算法分析

针对某大学的学生选课系统，学生选课完毕后，教师需要对选课结果进行统计，这时需要知道哪些学生既选择了 Python 语言又选择了 C 语言，哪些学生只选择了 Python 语言但没有选择 C 语言，以及参与选课的全体学生统计。

首先定义两个包括 4 个元素的集合，再根据需要对两个集合进行交集、并集和差集运算，最后输出运算结果。

2. 参考代码

```
#实例 4-6-4:ex4-6-4.py
#项目四:使用集合进行交集、并集和差集运算
python=set(['张华','梁鹏','黄莉','梓轩']) #保存选择 Python 语言的学生姓名
c=set(['梁鹏','李雪','梓轩','黄博'])       #保存选择 C 语言的学生姓名
print('选择 Python 语言的学生有:',python)  #输出选择 Python 语言的学生姓名
print('选择 C 语言的学生有:',c)            #输出选择 C 语言的学生姓名
print('交集运算:',python&c)          #输出既选择了 Python 语言又选择 C 语言的学生姓名
print('并集运算:',python|c)                #输出参与选课的全部学生姓名
print('差集运算:',python-c)         #输出选择了 Python 语言但没有选择 C 语言的学生姓名
```

3. 运行结果

```
选择Python语言的学生有： {'张华', '黄莉', '梁鹏', '梓轩'}
选择C语言的学生有： {'李雪', '梁鹏', '黄博', '梓轩'}
```

本章小结

本章主要介绍了字符串、列表、元组、字典和集合等组合数据类型。

列表和元组属于序列类型，本章重点讲解了序列操作的运算符和方法。根据不同组合数据类型的特点，还讲解了循环遍历、增删改查、排序等内容。注意：元组是无法修改的，其

重点在于循环遍历、查找操作。

字典是 Python 中内置的映射类型，由 key-value 的键值对组成，通过 key 可以找到其映射值 value。本章重点讲解了字典元素的获取，包括键和值的获取，以及字典的增、删、改、查、遍历等操作。

通过对本章内容的学习，读者应当能应用这些数据结构解决一些复杂的问题。此外，读者应能够清楚地知道不同类型数据的结构特点，以便在后续的开发过程中选择合适的组合数据类型操作数据。

课后习题

一、简答题

1. 在 Python 中，字符串类型的数据能够利用索引范围从字符串中获得连续的多个字符(子字符串)，即字符串的切片操作。请简述字符串切片操作的使用方法，并解释相关参数。

2. 请简述列表的基本特点。

3. 在 Python 中，元组和集合都属于常见的组合数据类型，请列举元组与集合的 3 个不同点。

4. 字典是一种无序的映射集合，包含一系列的“键：值”对。请列举 5 种字典常用的方法。

二、编程题

1. 编写 Python 程序，利用列表的相关操作将给定列表 list1 = [1, 2, 3, 4, 5, 6]转变为[4, 'x', 'y', 9]。

2. 编写 Python 程序，利用字典的相关操作将给定字典 dict1 = {'key1': 'value1', 'key2': 'value2', 'key3': 'value3'}中“'key1'”对应的值修改为 1，并在字典尾部添加一个键值对“'key4': 'value4'”，最终输出修改后的字典的所有 key 和 value，且输出形式为单个换行输出的键值对：'key1': 'value1'。

3. 编写 Python 程序，要求手动输入一个包含 8 个偶数的列表，如果输入的不是偶数，则要给出提示信息并能继续输入，然后计算该列表的和与平均值。

4. 编写 Python 程序，自定义一个求集合中位数的函数，分别统计给定集合 set1 = [1,5,6,7,8,2,3,4]和 set2 = [2,4,9,1,8,6,5,3,7]中元素的中位数。

5. 编写 Python 程序，自定义函数合并列表与元组，对给定列表 list1 = [1,2,3,4,5]和给定元组 tuple1 = ('a','b','c','d','e')进行合并，返回一个新的字典，其中列表的元素作为键，元组的元素作为值。

第 5 章 类和对象

学习目标

- 理解面向对象的基本概念。
- 理解 Python 的类和类型。
- 理解 Python 中的对象。
- 掌握类的定义及使用。
- 掌握类和对象的属性及方法。
- 掌握特殊属性和方法。
- 掌握伪私有属性和方法。
- 掌握静态方法、类的构造和初始化。
- 掌握简单继承、多重继承。

面向过程的程序设计方法需要编程人员直接定义每一个需要用到的变量，直接编写每一段需要的程序代码，编程人员直接操作所有的数据，实现所有的功能。这种程序设计方法难以保证程序的安全性和代码的可重用性，即难以有效保证程序的质量和开发效率。保证程序的安全性和代码的可重用性是面向对象程序设计方法的优势。

Python 程序的交互执行方式适合运行一些基本的语句或函数。程序或函数是对语句的封装，可以批量地执行源代码，既增强了程序的抽象能力，又支持了代码复用。更高层次的抽象和封装是面向对象的程序设计，不但可以封装代码，还可以封装操作的数据。

面向对象程序设计的核心是运用现实世界的概念抽象地思考问题，从而自然地解决问题。面向对象的程序设计使得软件开发更加灵活，能更好地支持代码复用和设计复用，适用于大软件的设计与开发。本章将介绍面向对象程序设计的基本特性，重点介绍类和对象的概念，以及类的封装、继承、多态等知识。

5.1 类和对象基本知识

5.1.1 面向对象的基本概念

面向对象的基本概念如下。

- 类和对象：描述对象的属性和方法的集合称为类，它定义了同一类对象共有的属性和方法；对象是类的实例，也称为实例对象。
- 方法：类中定义的函数用于描述对象的行为，也称为方法成员。

- 属性：类中在所有方法之外定义的变量(也称为类中的顶层变量)，用于描述对象的特点，也称为数据成员。
- 封装：类具有封装特性，其内部实现不应被外界知晓，只需要提供必要的接口供外部访问即可。
- 实例化：创建一个类的实例对象。
- 继承：当从一个基类(也称为父类或超类)派生出一个子类时，子类拥有基类的属性和方法，称为继承；子类可以定义自己的属性和方法。
- 重载(override)：在子类中定义和父类方法同名的方法称为子类对父类方法的重载，也称为方法重写。
- 多态：指不同类型对象的相同行为产生了不同的结果。

和其他面向对象的程序设计语言相比，Python 的面向对象机制更为简单。

5.1.2 Python 的类和类型

Python 的类使用 class 语句来定义，类通常包含一系列的赋值语句和函数定义。赋值语句定义类的属性，函数定义类的方法。在 Python 3 中，类是一种自定义类型。

Python 的所有类型(包括自定义类型)都是内置类型 type 的实例对象。例如，内置的 int、float、str 等都是 type 类型的实例对象。

type()函数可返回对象的类型，示例代码如下：

```
>>>type(int)
<class'type'>
>>>type(float)
<class'type'>
>>>type(str)
<class'type'>
>>>class test:                                  #定义一个空类
...     pass
...
>>>type(test)
<class'type'>
```

5.1.3 Python 中的对象

Python 中的一切数据都是对象，例如整数、小数、字符串、函数、模块等。

例如，下面的代码分别测试了字符串、整数、逻辑值和函数的类型。

```
>>>type('abc')
<class'str'>
>>>type(123)
<class'int'>
>>>type(True)
<class'bool'>
>>>def fun():
...     pass
>>>type(fun)
<class'function'>
```

Python 中的对象分为两种：类对象和实例对象。

类对象在执行 class 语句时创建。类对象是可调用的，类对象也称为类实例。调用类对象会创建一个类的实例对象。类对象只有一个，而类的实例对象可以有多个。

类对象和实例对象分别拥有自己的命名空间，并在各自的命名空间内使用对象的属性和方法。

1. 类对象

类对象具有下列主要特点。

- Python 在执行 class 语句时会创建一个类对象和一个变量（与类同名），变量引用类对象。与 def 类似，class 也是可执行语句。导入类模块时，会执行 class 语句。
- 类中的顶层赋值语句创建的变量是类的数据属性。类的数据属性用"对象名.属性名"的格式来访问。
- 类中的顶层 def 语句定义的函数是类的方法属性，用"对象名.方法名()"的格式来访问。
- 类的数据属性由类的所有实例对象共享。实例对象可读取类的数据属性值，但不能通过赋值语句修改类的数据属性值。

2. 实例对象

实例对象具有下列主要特点。

- 实例对象通过调用类对象来创建。
- 每个实例对象继承类对象的所有属性，并获得自己的命名空间。
- 实例对象拥有私有属性。当通过赋值语句为实例对象的属性赋值时，如果该属性不存在，则会创建属于实例对象的私有属性。

5.1.4　定义类

类定义的基本格式为

```
class 类名:
    赋值语句
    赋值语句
    …
    def 语句定义函数
    def 语句定义函数
    …
class testclass:
    data=100
    def setpdata(self,value):
        self.pdata=value
    def showpdata(self):
        print('self.pdata=',self.pdata)
```

5.1.5　使用类

使用类对象可访问类的属性、创建实例对象，示例代码如下：

```
>>>type(testclass)          #测试类对象的类型
<class'type'>
>>>testclass.data           #访问类对象的数据属性
100
>>>x=testclass()            #调用类对象创建第一个实例对象
>>>type(x)                  #查看实例对象的类型,交互环境中的默认模块名称为__main__
<class'__main__.testclass'>
>>>x.setpdata('abc')        #调用方法创建实例对象的数据属性 pdata
>>>x.showpdata()            #调用方法显示实例对象的数据属性 pdata 的值
self.pdata=abc
>>>y=testclass()            #调用类对象创建第二个实例对象
>>>y.setpdata(123)          #调用方法创建实例对象的数据属性 pdata
>>>y.showpdata()            #调用方法显示实例对象的数据属性 pdata 的值
self.pdata=123
```

5.2 类的方法

5.2.1 类和对象的属性

在 Python 中,实例对象拥有类对象的所有属性,可以用 dir()函数来查看对象的属性,示例代码如下:

```
>>>dir(testclass)                      #查看类对象的属性
...
>>>x=testclass()
>>>dir(x)                              #查看实例对象的属性
...
```

1. 共享属性

类对象的数据属性是全局的,并可通过实例对象来引用。

testclass 类顶层的赋值语句"data=100"定义了类对象的属性 data,该属性可与所有实例对象共享,示例代码如下:

```
>>>x.data,y.data                       #访问共享属性
(100,100)
>>>testclass.data=200                  #通过类对象修改共享属性
>>>x.data,y.data                       #访问共享属性
(200,200)
```

需要注意的是,类对象的属性由所有实例对象共享,该属性的值只能通过类对象来修改。

试图通过实例对象对共享属性赋值时,实质是创建实例对象的私有属性,示例代码如下:

```
>>>testclass.data=200                  #修改共享属性值
>>>x.data,y.data,testclass.data        #此时访问的都是共享属性值
(200,200,200)
```

```
>>>x.data='def'                           #此时为x创建私有属性data
>>>x.data,y.data,testclass.data           #x.data访问的是x的私有属性data
('def',200,200)
>>>testclass.data=300
>>>x.data,y.data,testclass.data
('def',300,300)
```

2. 属性的私有性

实例对象的私有属性指以“实例对象.属性名＝值”的格式赋值时创建的属性。

“私有”强调属性只属于当前实例对象，对其他实例对象而言是不可见的。

实例对象一开始只拥有继承自类对象的所有属性，没有私有属性。只有在给实例对象的属性赋值后，才会创建相应的私有属性，示例代码如下：

```
>>>x=testclass()                          #创建实例对象
>>>x.pdata                                #试图访问实例对象的属性会出错，属性不存在
Traceback(most recent call last):
File"<stdin>",line 1,in<module>
AttributeError:'testclass' object has no attribute 'pdata'
>>>x.setpdata(123)                        #调用方法为属性赋值
>>>x.pdata                                #赋值后，可以访问属性了
123
```

3. 属性的动态性

Python 总是在第一次给变量赋值时创建变量。

对于类对象或实例对象而言，当给不存在的属性赋值时，Python 会为其创建属性，示例代码如下：

```
>>>testclass.data2='abc'                  #赋值，为类对象添加属性
>>>x.data3=[1,2]                          #赋值，为实例对象添加属性
>>>testclass.data2,x.data2,x.data3        #访问属性
('abc','abc',[1,2])
>>>dir(testclass)                         #查看类对象属性列表
['__class__','__delattr__',…,'data','data2','setpdata','showpdata']
>>>dir(x)
['__class__','__delattr__',…,'data','data2','data3','pdata','setpdata',
'showpdata']
```

可以看到，赋值操作为对象添加了属性。而且，在为类对象添加了属性后，实例对象也自动拥有了该属性。

5.2.2　类和对象的方法

在通过实例对象访问方法时，Python 会创建一个特殊对象——绑定方法对象，也称为实例方法对象。

此时，当前实例对象会作为一个参数传递给实例方法对象。所以，在定义方法时，通常第一个参数的名称为 self。

使用 self 只是惯例，重要的是位置，完全可以用其他名称来代替 self。

通过类对象访问方法时，不会将类对象传递给方法，应按方法定义的形参个数提供参数，这和通过实例对象访问方法有所区别。例如：

```
>>>classtest:
...defadd(a,b):returna+b                #定义方法,完成加法
...defadd2(self,a,b):returna+b          #定义方法,完成加法
>>>test.add(2,3)                        #5 通过类对象调用方法
>>>test.add2(2,3,4)                     #7 通过类对象调用方法,此时参数 self 的值为 2
>>>x=test()                             #创建实例对象
>>>x.add(2,3)                           #出错,输出信息显示函数接收到 3 个参数
Traceback(most recent call last):
File"<stdin>",line 1,in<module>
TypeError:add() takes 2 positional arguments but 3 were given
>>>x.add2(2,3)                          #5 通过实例对象完成加法
>>>classtest:pass#
>>>test.__name__
'test'
>>>test.__module__
'__main__'
>>>print(test.__dict__)
{'__module__':'__main__','__dict__':…'test'objects>,'__doc__':None}
>>>test.__base__
<class'object'>
>>>print(test.__doc__)
None
>>>test.__class__
<class'type'>
```

5.2.3 特殊属性和方法

Python会为类对象添加一系列特殊方法，这些特殊方法在执行特定操作时会被调用。可在定义类时定义这些方法，以取代默认方法，称为方法的重载。类对象常用的特殊方法如下。

- __eq__()：计算 x==y 时调用 x.__eq__(y)。
- __ge__()：计算 x>=y 时调用 x.__ge__(y)。
- __gt__()：计算 x>y 时调用 x.__gt__(y)。
- __le__()：计算 x<=y 时调用 x.__le__(y)。
- __lt__()：计算 x<y 时调用 x.__lt__(y)。
- __ne__()：计算 x!=y 时调用 x.__ne__(y)。
- __format__()：在内置函数 format()和 str.format()方法中格式化对象时调用，返回对象的格式化字符。
- __dir__()：执行 dir(x)时调用 x.__dir__()。
- __delattr__()：执行 del x.data 时调用 x.__delattr__(data)。
- __getattribute__()：访问对象属性时调用。例如，a=x.data 等同于 a=x.__getattribute__(data)。
- __setattr__()：为对象属性赋值时调用。例如，x.data=a 等同于 x.__setattr__(a)。

- __hash__()：调用内置函数 hash(x)时调用 x.__hash__()。
- __new__()：创建类的实例对象时调用。
- __init__()：类的初始化函数。例如，x=test()语句在创建 test 类的实例对象时，首先调用__new__()创建一个新的实例对象，然后调用__init__()执行初始化操作。完成初始化之后再返回实例对象，同时建立变量 x 对实例对象的引用。
- __repr__()：调用内置函数 repr(x)的同时调用 x.__repr__()，返回对象的字符串表示。
- __str__()：通过 str(x)、print(x)以及在 format()中格式化 x 时调用 x.__str__()，返回对象的字符串表示。

5.2.4　伪私有属性和方法

在 Python 中，可以以“类对象.属性名”或“实例对象.属性名”的格式在类的外部访问类的属性。在面向对象技术理论中，这种方式破坏了类的封装特性。Python 提供了一种折中的方法，即使用双下画线作为属性和方法名称的前缀，从而使这些属性和方法不能直接在类的外部使用。以双下画线作为名称前缀的属性和方法称为类的“伪私有”属性和方法，示例代码如下：

```
>>>class test:
...data=100
...__data2=200
...def add(a,b):
...    return a+b
...def __sub(a,b):
...    return a-b
>>>test.data                              #访问普通属性
100
>>>test.add(2,3)                          #访问普通方法
5
>>>test.__data2                           #访问"伪私有"属性,出错,属性不存在
>>>test.__sub(2,3)                        #"伪私有"方法,出错,方法不存在
```

Python 在处理“伪私有”属性和方法名称时，会加上“_类名”作为双下画线前缀的前缀。之所以称为“伪私有”，是指只要使用正确的名称，那么在类的外部也可以访问“伪私有”属性和方法，示例代码如下：

```
>>>test._test__data2                      #访问"伪私有"的属性
200
>>>test._test__sub(2,3)                   #访问"伪私有"的方法
-1
```

可使用 dir()函数查看类对象的“伪私有”属性和方法的真正名称，示例代码如下：

```
>>>dir(test)
['__class__','__delattr__',…,'_test__data2','_test__sub','add','data']
```

5.2.5 静态方法

可使用@staticmethod将方法声明为静态方法。通过实例对象调用静态方法时，不会像普通方法一样将实例对象本身作为隐含的第一个参数传递给方法。通过类对象和实例对象调用静态方法的效果完全相同，示例代码如下：

```
>>>class test:
...@staticmethod                          #声明下面的 add()为静态方法
...def add(a,b):return a+b
>>>test.add(2,3)                          #通过类对象调用静态方法
5
>>>x=test()                               #创建实例对象
>>>x.add(3,5)                             #通过实例对象调用静态方法
```

5.3 对象初始化

5.3.1 类的构造和初始化

定义一个类，并生成初始化__init__对象函数和__new__对象函数。例如：

```
class A(object):
    def __init__(self, * args,**kwargs):
        print("init%s"%self.__class__)
    def __new__(cls, * args,**kwargs):
        print("new%s"%cls)
        return object.__new__(cls, * args,**kwargs)
a=A()
```

输出结果：

```
new<class'__main__.A'>
init<class'__main__.A'>
```

从结果可以看出，当实例化A类时，__new__方法首先被调用，然后是__init__方法。一般来说，__init__和__new__函数都会有下面的形式：

```
def __init__(self, * args,**kwargs):
#fun c_suite
def __new__(cls, * args,**kwargs):
#fun c_suite
return obj
```

对于__new__和__init__，可以概括为：

__new__方法在Python中是真正的构造方法(创建并返回实例)，通过这个方法可以产生一个cls对应的实例对象，所以说__new__方法一定要有返回；

对于__init__方法，它是一个初始化的方法，self代表由类产生出来的实例对象，__init__将

对这个对象进行相应的初始化操作。

前文已经介绍过了__init__的一些行为，包括继承情况中__init__的表现。下面重点介绍__new__方法。

5.3.2 __new__特性

__new__是在新式类中新出现的方法，它有以下行为特性。

- __new__方法是在类实例化对象时第一个调用的方法，返回实例对象。
- __new__方法始终都是类方法（第一个参数为 cls），即使没有被加上装饰器。
- 第一个参数 cls 是当前正在实例化的类，如果要得到当前类的实例，应当在当前类中的__new__方法语句中调用当前类的父类的__new__方法。

对于上面的第三点，如果当前类是直接继承自 object 的，则当前类的__new__方法返回的对象应该为：

```
def __new__(cls, * args,**kwargs):
#fun c_suite
return object.__new__(cls, * args,**kwargs)
```

1. 重写__new__

如果新式类中没有重写__new__方法，则 Python 默认调用该类的直接父类的__new__方法来构造该类的实例，如果该类的父类也没有重写__new__，那么将一直按照同样的规则追溯至 object 的__new__方法，因为 object 是所有新式类的基类。

而如果新式类中重写了__new__方法，则可以选择任意一个其他的新式类（必须是新式类，只有新式类有__new__，因为所有新式类都是从 object 派生的）的__new__方法来创建实例，包括这个新式类的所有前代类和后代类，只要它们不会造成递归死循环，示例代码如下：

```
class Fun(object):
    def __new__(cls, * args, **kwargs):
        obj = object.__new__(cls, * args, **kwargs)
        #这里的 object.__new__(cls, * args, **kwargs) 等价于 super(Fun, cls).__
#new__(cls, * args, **kwargs)
        #object.__new__(Fun, * args, **kwargs)
        #Ny.__new__(cls, * args, **kwargs)
        #person.__new__(cls, * args, **kwargs),即使 person 和 Fun 没有关系,也是允许
#的,因为 person 是从 object 派生的新式类
        #任何新式类不能调用自身的"__new__"来创建实例,因为这会造成死循环
    #所以要避免 return Fun.__new__(cls, * args, **kwargs)或 return cls.__new__
#(cls, * args, **kwargs)
        print("Call __new__for %s" %obj.__class__)
        return obj
class Ny(Fun):
    def __new__(cls, * args, **kwargs):
        obj = object.__new__(cls, * args, **kwargs)
        print("Call __new__for %s" %obj.__class__)
        return obj
class person(object):
    #person 没有__new__方法,会自动调用其父类的__new__方法来创建实例,即会自动调用
```

```
#object.__new__(cls)
    pass
class girl(object):
    def __new__(cls, * args, **kwargs):
        #可以选择用 Bar 来创建实例
        obj = object.__new__(Ny, * args, **kwargs)
        print("Call __new__for %s" %obj.__class__)
        return obj
fun = Fun()
ny = Ny()
girl = girl()
```

输出结果：

```
Call __new__for <class '__main__.Fun'>
Call __new__for <class '__main__.Ny'>
Call __new__for <class '__main__.Ny'>
```

2. __init__的调用

__new__决定是否要使用该类的__init__方法，因为__new__ 可以调用其他类的构造方法，或者直接返回其他类创建的对象来作为本类的实例。

通常来说，新式类开始实例化时，__new__方法会返回 cls(cls 指代当前类)的实例，然后调用该类的__init__方法作为初始化方法，该方法接收这个实例(self)作为自己的第一个参数，然后依次传入__new__方法中接收的位置参数和命名参数。

但是，如果__new__没有返回 cls(当前类)的实例，那么当前类的__init__方法是不会被调用的。看下面的例子：

```
class A(object):
    def __init__(self, * args, **kwargs):
        print("Call __init__from %s" %self.__class__)
    def __new__(cls, * args, **kwargs):
        obj = object.__new__(cls, * args, **kwargs)
        print("Call __new__for %s" %obj.__class__)
        return obj
class B(object):
    def __init__(self, * args, **kwargs):
        print("Call __init__from %s" %self.__class__)
    def __new__(cls, * args, **kwargs):
        obj = object.__new__(A, * args, **kwargs)
        print("Call __new__for %s" %obj.__class__)
        return obj
b = B()
print(type(b))
```

输出结果：

```
Call __new__for <class '__main__.A'>
<class '__main__.A'>
```

3. 派生不可变类型

关于__new__方法还有一个重要的用途，就是用来派生不可变类型。

例如，Python 中的 float 是不可变类型，如果想要从 float 中派生一个子类，就要实现__new__方法，例如：

```
class RoundTFloat(float):
    def __new__(cls, num):
        num = round(num, 4)
        #return super(RoundFloat, cls).__new__(cls, num)
        return float.__new__(RoundTFloat, num)
num = RoundFloat(3.141592654)
print(num)                                   #3.1416
```

5.4　类的继承

5.4.1　简单继承

通过继承来定义新类的基本格式为

```
class 子类名(超类名):
子类代码
```

示例代码如下：

```
>>> class supper_class:                  #定义超类
...     data=100
...     __data2=200
...     def showinfo(self):
...         print('超类 showinfo()方法中的输出信息')
...     def __showinfo(self):
...         print('超类__showinfo()方法中的输出信息')
...
>>> class sub_class(supper_class):pass     #定义空的子类,pass 表示空操作
...
>>> supper=dir(supper_class)             #获得超类属性和方法列表
>>> sub=dir(sub_class)                   #获得子类属性和方法列表
>>> supper==sub                          #True,说明超类和子类拥有的属性和方法相同
True
>>> sub_class.data                       #访问继承的属性
100
>>> sub_class._supper_class__data2       #访问继承的属性
200
>>> x=sub_class()                        #创建子类的实例对象
>>> x.showinfo()                     #调用继承的方法超类 showinfo()方法中的输出信息
>>> x._supper_class__showinfo()  #调用继承的方法超类__showinfo()方法中的输出信息
...
```

5.4.2 子类中定义属性和方法

Python允许在子类中定义属性和方法。子类定义的属性和方法会覆盖超类中的同名属性和方法。在子类中定义与超类方法同名的方法,称为方法的重载,示例代码如下:

```
>>> class supper:                                      #定义超类
...     data1=10
...     data2=20
...     def show1(self):
...         print('在超类 show1()方法中的输出')
...     def show2(self):
...         print('在超类 show2()方法中的输出')
>>> class sub(supper):                                 #定义子类
...     data1=100                                      #覆盖超类的同名变量
...     def show1(self):                               #重载超类的同名方法
...         print('在子类的 show1()方法中的输出')
>>> [x for x in dir(sub) if not x.startswith('__')]   #显示子类非内置属性
['data1', 'data2', 'show1', 'show2']
>>> x=sub()                                            #创建子类实例对象
>>> x.data1,x.data2                   #data1是子类自定义的属性,data2是继承的属性
(100, 20)
>>> x.show1()                         #调用子类自定义方法在子类的 show1()方法中的输出
>>> x.show2()                         #调用继承的方法在超类的 show2()方法中的输出
```

在子类中,可以用super()函数返回超类的类对象,从而通过它访问超类的方法;也可以直接使用超类的类对象调用超类的方法,示例代码如下:

```
>>> class sub(supper):                        #定义子类
...     data1=100
...     def show1(self):
...         print('在子类的 show1()方法中的输出')
...         test.show1(self)                  #调用超类的方法
...         super().show2(self)               #调用超类的方法
...
>>> x=sub()
>>> x.show1()
```

5.4.3 调用超类的初始化函数

在子类的初始化函数中,通常应调用超类的初始化函数,Python不会自动调用超类的初始化函数,示例代码如下:

```
>>> class test:                               #定义超类
...     def __init__(self,a):
...       self.supper_data=a
>>> class sub(test):                          #定义子类
...     def __init__(self,a,b):               #定义子类的构造函数
...       self.sub_data=a
...       super().__init__(b)                 #调用超类的初始化函数
>>> x=sub(10,20)                              #创建子类实例对象
```

```
>>> x.supper_data                                           #访问继承的属性
20
>>> x.sub_data                                              #访问自定义属性
10
```

5.4.4　多重继承

多重继承指子类可以同时继承多个超类。如果超类中存在同名的属性或方法，则 Python 会按照从左到右的顺序在超类中搜索方法，示例代码如下：

```
>>> class supper1:                                          #定义超类 1
...     data1=10
...     data2=20
...     def show1(self):
...         print('在超类 supper1 的 show1()方法中的输出')
...     def show2(self):
...         print('在超类 supper1 的 show2()方法中的输出')
>>> class supper2:                                          #定义超类 2
...     data2=300
...     data3=400
...     def show2(self):
...         print('在超类 supper2 的 show2()方法中的输出')
...     def show3(self):
...         print('在超类 supper2 的 show3()方法中的输出')
...
>>> class sub(supper1,supper2):pass                         #定义空的子类
...
>>> [x for x in dir(sub) if not x.startswith('__')]         #显示子类非内置属性
['data1', 'data2', 'data3', 'show1', 'show2', 'show3']
>>> x=sub()                                                 #创建子类的实例对象
>>> x.data1,x.data2,x.data3                                 #访问继承的属性
(10, 20, 400)
>>> x.show1()                                               #调用继承的方法
在超类 supper1 的 show1()方法中的输出
>>> x.show2()                                               #调用继承的方法
在超类 supper1 的 show2()方法中的输出
>>> x.show3()                                               #调用继承的方法
在超类 supper2 的 show3()方法中的输出
```

5.5　实践项目

5.5.1　项目一：创建基类及其派生类

1. 项目描述及算法分析

在文件中定义一个水果类 Fruit(作为基类)，并在该类中定义一个类属性(用于保存水果默认的颜色)和一个 harvest()方法，然后创建 Apple 类和 Orange 类，它们都继承自 Fruit

类,最后创建 Apple 类和 Orange 类的实例,并调用 harvest()方法(在基类中编写)。

2. 参考代码

```
#实例 5-5-1:ex5-5-1.py
#项目一:创建基类及其派生类
class Fruit:                                             #定义水果类(基类)
    color = "绿色"                                        #定义类属性

    def harvest(self, color):
        print("水果是:" + color + "的!")                  #输出的是形式参数 color
        print("水果已经收获……")
        print("水果原来是:" + Fruit.color + "的!");       #输出的是类属性 color

class Apple(Fruit):                                      #定义苹果类(派生类)
    color = "红色"

    def __init__(self):
        print("我是苹果")

class Orange(Fruit):                                     #定义橘子类(派生类)
    color = "橙色"

    def __init__(self):
        print("\n 我是橘子")

    #重写 harvest()方法的代码
##    def harvest(self,color):
##        print("橘子是:"+color+"的!")                    #输出的是形式参数 color
##        print("橘子已经收获……")
##        print("橘子原来是:"+Fruit.color+"的!");         #输出的是类属性 color
apple = Apple()                                          #创建类的实例(苹果)
apple.harvest(apple.color)                               #调用基类的 harvest()方法
orange = Orange()                                        #创建类的实例(橘子)
orange.harvest(orange.color)                             #调用基类的 harvest()方法
```

3. 运行结果

```
我是苹果
水果是:红色的!
水果已经收获……
水果原来是:绿色的!

我是橘子
水果是:橙色的!
水果已经收获……
水果原来是:绿色的!
```

5.5.2 项目二:在派生类中调用基类的__init__()方法定义类属性

1. 项目描述及算法分析

在文件中定义一个水果类 Fruit(作为基类),并在该类中定义一个类属性(用于保存水果默认的颜色)和一个 harvest()方法,然后创建 Apple 类和 Orange 类,它们都继承自 Fruit 类,最后创建 Apple 类和 Orange 类的实例,并调用 harvest()方法(在基类中编写)。

2. 参考代码

```
#实例 5-5-2:ex5-5-2.py
#项目二:在派生类中调用基类的__init__()方法定义类属性
class Fruit:                                              #定义水果类(基类)
    def __init__(self,color = "绿色"):
        Fruit.color = color                               #定义类属性
    def harvest(self, color):
        print("水果是:" + self.color + "的!")             #输出的是形式参数 color
        print("水果已经收获……")
        print("水果原来是:" + Fruit.color + "的!");       #输出的是类属性 color


class Apple(Fruit):                                       #定义苹果类(派生类)
    color = "红色"

    def __init__(self):
        print("我是苹果")
        super().__init__()

class Aapodilla(Fruit):                                   #定义人参果类(派生类)
    def __init__(self,color):
        print("\n 我是人参果")
        super().__init__(color)

    #重写 harvest()方法的代码
    def harvest(self,color):
        print("人参果是:"+color+"的!")                    #输出的是形式参数 color
        print("人参果已经收获……")
        print("人参果原来是:"+Fruit.color+"的!");         #输出的是类属性 color

apple = Apple()                                           #创建类的实例(苹果)
apple.harvest(apple.color)                                #调用基类的 harvest()方法

sapodilla = Aapodilla("白色")                             #创建类的实例(人参果)
sapodilla.harvest("金黄色带紫色条纹")                     #调用基类的 harvest()方法
```

3. 运行结果

```
我是苹果
水果是：红色的!
水果已经收获……
水果原来是：绿色的!      基类的__init__()方法中设置的默认值

我是人参果
人参果是：金黄色带紫色条纹的!
人参果已经收获……
人参果原来是：白色的!    派生类初始化时指定的
```

5.5.3　项目三：打印每日销售明细

1. 项目描述及算法分析

模拟实现销售管理系统，运行程序，输入要查询的月份，如果输入的月份存在销售明细，则显示本月商品的销售明细;如果输入的月份不存在或者不是数字,则提示“该月没有销售数据或者输入的月份有误!”。

2. 参考代码

```
#实例 5-5-3:ex5-5-3.py
#项目三:打印每日销售明细
#月销量类
class Monthly_sales:
    #销售明细列表
    commodity = (('T0001', '笔记本电脑'), ('T0002', '华为 Mate30'), ('T0003', '华为
荣耀 V30'), ('T0004', '小米 10'), ('T0005', 'MacBock'))
    #初始化方法,传递月份,参数判断销售数据
    def __init__(self, monthly):
        #判断该月份销售情况
        if monthly=='2':
            print('2 月份的商品销售明细如下:')
            for i in range(len(Monthly_sales.commodity)):
                print('{}{}  {}{}'.format('商品编号:',Monthly_sales.commodity[i][0],
'商品名称:',Monthly_sales.commodity[i][1]))
            monthlys = input('\n 请输入要查询的月份(比如 1、2、3 等):')
            monthly_sales = Monthly_sales(mothlys)
        else:
         #其他月份销售情况
         print('\n 该月份没有销售数据或者输入的月份有误!\n')
         monthlys = input('请输入要查询的月份(比如 1、2、3 等):')
         monthly_sales = Monthly_sales(monthlys)

print('————————————销售明细————————————')
monthlys =input('请输入要查询的月份(比如 1、2、3 等):')
monthly_sales=Monthly_sales(mothlys)
```

3. 运行结果

```
请输入要查询的月份（比如1、2、3等）：1

该月份没有销售数据或者输入的月份有误!

请输入要查询的月份（比如1、2、3等）：2
2月份的商品销售明细如下:
商品编号：T0001  商品名称：笔记本电脑
商品编号：T0002  商品名称：华为Mate30
商品编号：T0003  商品名称：华为荣耀V30
商品编号：T0004  商品名称：小米10
商品编号：T0005  商品名称：MacBock

请输入要查询的月份（比如1、2、3等）：
```

本章小结

本章主要介绍了面向对象编程的基础知识,包括面向对象概述、对象的封装、继承和多态等特性、创建类与对象、运算符重载等内容。

在面向对象的程序设计中,类中的__init__()方法称为构造方法。在 Python 中创建对

象时会自动调用此构造方法。类中的__del__()方法是析构方法,用于释放对象占用的资源,在 Python 收回对象空间之前自动执行。

类中的属性也称为成员变量,分为两种类型:一种是实例属性,另一种是类属性。实例属性是在构造方法__init__()中定义的;类属性是在类中方法之外定义的属性。实例属性只能通过对象名访问;类属性属于类,可通过类名访问,也可以通过对象名访问。

在 Python 中,类的继承是指在一个现有类的基础上构建一个新的类,构建出来的新类称为子类,被继承的类称为父类,子类会自动拥有父类所有可继承的属性和方法。一个子类存在多个父类的现象称为多继承。

运算符重载指的是将运算符与类的方法关联起来,每个运算符对应一个内置方法,Python 的类通过重写一些内置方法实现了运算符重载功能。

课后习题

一、简答题

1. Python 中的对象分为类对象和实例对象,请简述二者的区别。

2. 请列举 5 个类对象常用的特殊方法,并解释其用途。

3. 请简述在 Python 对象初始化中,__new__对象函数和__init__对象函数的关系。

二、编程题

1. 编写 Python 程序,先创建一个汽车类 Car,再为其添加车轮数(4)和颜色(红色)的属性,之后定义并调用函数输出"汽车有 4 个车轮,车身颜色是红色"和"汽车正行驶在学习的道路上"。

2. 编写 Python 程序,设计一个简单的宠物类 Pet,类属性包括名称(name)、种类(species)、年龄(age)、性别(sex),并为其添加一个构造方法和一个初始化方法。

3. 编写 Python 程序,定义一个住房面积类 HouseArea,类属性包括客厅面积(living_area)、厨房面积(kitchen_area)和卧室面积(bed_area)。在类方法中,使用 get_total_area 函数返回总面积,返回 int 类型。对定义的类进行测试并输出结果。

4. 编写 Python 程序,定义一个学生类 Student,类属性包括姓名(name)、年龄(age)、成绩(scores,包括语文、数学、英语,整数类型)。类方法使用 getName 函数获取学生的姓名,返回 str 类型;使用 getAge 函数获取学生的年龄,返回 int 类型;使用 getMaxScores 函数返回 3 科目中最高的分数,返回 int 类型。对定义的类进行测试并输出结果。

5. 编写 Python 程序,设计一个简单的形状类层次结构,包含基本形状类和派生形状类。基本形状类包括名称和面积属性,一个初始化形状的名称和面积的方法,一个返回形状的详细信息(名称和面积)的方法。派生形状类继承基本形状类的名称和面积,包括一个初始化形状的名称和面积,并执行父类的初始化方法,一个返回形状的详细信息的方法,包括继承自父类的名称和面积。

第6章 数据存储

学习目标

- 掌握文本文件的基本操作。
- 理解编码的本质。
- 掌握二进制数据的读写操作。
- 掌握数据表的创建。
- 掌握数据的查询、增加、删除、更新操作。

文件被广泛应用于用户和计算机的数据交换。Python 程序可以从文件读取数据，也可以向文件写入数据。用户在处理文件的过程中，既可以操作文件内容，也可以管理文件目录。

文件用于存储和处理非结构化数据，如果要处理大量结构化数据，提高数据处理效率，就要使用数据库了。数据库是数据的集合，它以文件的形式存在。数据库技术是一种数据库访问存储的技术，是一种计算机软件技术。数据库技术、网络技术、多媒体技术、人工智能技术都是计算机应用领域的主流技术。

Python 支持 Sybase、SAP、Oracle、SQL Server、SQLite 等多种数据库。本章将主要介绍数据库的概念、结构化查询语言 SQL，以及 Python 的第三方关系数据库 MySQL 的应用。

6.1 文件操作

6.1.1 写文本文件

1. 文件概述

所谓"文件"，是指一组相关数据的有序集合，这个数据集有一个名称，称为文件名。实际上，在前面的各章中，我们已经多次使用了文件，例如源程序文件、目标文件、可执行文件、库文件(头文件)等。

文件通常是驻留在外部介质(如磁盘等)上的，在使用时才调入内存中。从文件编码的方式来看，文件可分为 ASCII 码文件和二进制码文件两种。ASCII 文件也称为文本文件，这种文件在磁盘中存放时，每个字符对应一个字符，用于存放对应的 ASCII 码。

例如，字符串"1234"的存储形式在磁盘上是 31H、32H、33H、34H 这 4 个字符，既'1'、'2'、'3'、'4'的 ASCII 码，在 Windows 的记事本程序中输入 1234 后存盘为一个文件，就可以看到该文件在磁盘中占 4 个字符，打开此文件后可以看到"1234"的字符串。

ASCII 码文件可在屏幕上按字符显示，因为各个字符均对应其 ASCII 码，每个 ASCII 二进制数都被解释成为一个可见字符。ASCII 码文件有很多，例如源程序文件就是 ASCII 码文件，用 DOS 命令 TYPE 可显示文件的内容。由于是按字符显示，因此能读懂 ASCII 码文件的内容。

文件在进行读写操作之前要先打开，使用完毕要关闭。所谓打开文件，实际上是建立文件的各种有关信息，并使文件指针指向该文件，以便进行其他操作。关闭文件则指断开指针与文件之间的联系，也就是禁止再对该文件进行操作，同时释放文件占用的资源。

2. 文件的打开与关闭

(1) 打开文本文件

open()函数用来打开文件，其调用的一般形式为

```
文件对象=open(文件名,文件使用方式)
```

其中，“文件对象”是一个 Python 对象，open()函数是打开文件的函数，“文件名”是被打开文件的文件名字符串，“文件使用方式”是指文件的类型和操作要求，具体如表 6-1 所示。

表 6-1　文件使用方式

文件使用方式	含　义
rt	只读打开一个文本文件，只允许读数据。若文件存在，则打开后可以顺序读；若文件不存在，则打开失败
wt	只写打开或建立一个文本文件，只允许写数据。若文件不存在，则建立一个空文件；若文件已经存在，则把原文件内容清空
at	追加打开一个文本文件，并在文件末尾写数据。若文件不存在，则建立一个空文件；若文件已经存在，则把原文件打开，并保持原内容不变，文件位置指针指向末尾，新写入的数据追加在文件末尾

(2) 关闭文本文件

打开文件操作完毕后，要关闭文件释放文件资源，关闭文件的操作是

```
文件对象.close()
```

其中，“文件对象”是用 open()函数打开后返回的对象。

(3) 文件操作的异常

文件操作一般要处理异常，如果打开一个文件进行读操作时文件不存在，显然会出现错误，例如：

```
f=open("c:\\xyz.txt","rt")
s=f.read()
f.close()
```

如果 c:\xyz.txt 文件不存在，那么就会出现异常。文件操作属于 I/O 操作，I/O 操作可能因为 I/O 设备的原因导致操作不正确，因此 I/O 操作一般建议使用 try 语句捕获有可能

发生的错误。可将程序改为：

```
try:
f=open("c:\\xyz.txt","rt")
s=f.read()
f.close()
except:
print("文件打开失败")
```

3. 写文本文件

write()函数的功能是把一个字符写入指定文件，函数的调用形式为

```
文件对象.write(s)
```

其中，s 是待写入的字符串。

对于 write 函数的使用也要说明几点。

- 被写入的文件可以以写、追加方式打开，用写方式打开一个已存在的文件时会清除原有的文件内容，写入字符从文件首开始。如需保留原有文件内容，希望写入的字符从文件末开始存放，则必须以追加方式打开文件。
- 每写入一个字符串，文件内部的位置指针便会向后移动到末尾，指向下一个待写入的位置。

实例 6-1-1 把一个字符串存放在文件中。

```
#实例 6-1-1:ex6-1-1.py
#把一个字符串存放在文件中
try:
    fobj=open("c:\\abc.txt","wt")
    fobj.write("abcxyz")
    fobj.close()
except Exception as err:
    print(err)
#那么 abc.txt 文件的内容是: abcxyz
```

实例 6-1-2 打开 abc.txt 文件，追加写入另一个字符串。

```
#实例 6-1-2:ex6-1-2.py
#打开 abc.txt 文件，追加写入另一个字符串
try:
    fobj=open("c:\\abc.txt","at")
    fobj.write("\nmore")
    fobj.close()
except Exception as err:
    print(err)
```

如果原来的 abc.txt 的内容是"abcxyz"，那么现在变成两行：

```
abcxyz
more
```

其中，在写时，"\n"是换行符号，即换一行继续写"more"，因此文件结果变成两行。

4.【案例】学生信息存储到文件中

(1) 案例描述

输入若干学生的姓名 Name、性别 Gender、年龄 Age，把它存储到文件 students.txt，每个数据项占一行。

(2) 案例分析

如果 fobj 是文件对象，那么学生的姓名 Name、性别 Gender、年龄 Age 存储语句分别如下：

```
fobj.write(Name+"\n")
fobj.write(Gender+"\n")
fobj.write(str(Age)+"\n")
```

或者为

```
fobj.write(Name+"\n"+Gender+"\n"+str(Age)+"\n")
```

即输出 Name、Gender、Age 后都换行。

(3) 案例代码

```
#实例 6-1-2:ex6-1-2.py
#学生信息存储到文件中
def getStudent(i):
    print("输入第", i, "个学生信息")
    try:
        Name = input("姓名:")
        if Name.strip() == "":
            raise Exception("无效的姓名")
        Gender = input("性别:")
        if Gender != "男" and Gender != "女":
          raise Exception("无效的性别")
        Age = input("年龄:")
        Age = float(Age)
        if Age < 18 or Age > 30:
            raise Exception("无效的年龄")
        s={}
        s["Name"]=Name
        s["Gender"]=Gender
        s["Age"]=Age
        return s
    except Exception as err:
        print(err)
    return None
i=1
try:
    fobj=open("students.txt","wt")
    while True:
        s=getStudent(i)
```

```
            if s:
                fobj.write(s["Name"] + "\n" + s["Gender"] + "\n" + str(s["Age"]) +"\n")
                i=i+1
            s=input("继续输入吗(Y/N)")
            if s!="Y" and s!="y":
                break
        fobj.close()
except Exception as err:
    print(err)
```

程序运行后，从键盘输入若干学生的信息，全部保存到 students.txt，其内容如下：

```
张三
男
20
李四
女
21
```

6.1.2 读文本文件

1. 读字符函数 read()

read()函数的功能是从指定的文件中读字符，函数的调用形式为

```
文件对象.read()
文件对象.read(n)
```

对于 read()函数的使用有以下几点说明：

- 在 read()函数调用中，读取的文件必须是已经以读方式打开的。
- 在文件内部有一个位置指针，用来指向文件当前读的字符，在打开文件时，该位置指针总是指向文件的第一个字符。使用 read()函数后，该位置指针将向后移动一个字符，每读一个字符，该位置指针就向后移动一个字符，因此可连续多次使用 read()函数读取多个字符。
- 如果不指定要读取的字符数 n，使用 read()读，则读完整个文件的内容；如果使用 read(n)指定要读取的字符数，那么就按要求读取 n 个字符；如果要读 n 个字符，而文件没有那么多字符，那么就读取所有文件内容。
- 如果文件指针已经到了文件的尾部，再读就返回一个空串。

在读取模式下，当遇到\n、\r 或\r\n 时，都作为换行标识，并且统一转换为\n，作为文本输入的换行符。

实例 6-1-3 打开文件，写入内容后关闭文件，并再次打开文件读取全部内容，把其内容显示在屏幕上。

```
#实例 6-1-3:ex6-1-3.py
def writeFile():
```

```
    fobj=open("c:\\abc.txt","wt")
    fobj.write("abc\nxyz")
    fobj.close()
def readFile():
    fobj=open("c:\\abc.txt","rt")
    s=fobj.read()
    print(s)
    fobj.close()
try:
    writeFile()
    readFile()
except Exception as err:
    print(err)
```

注意：程序没有在 readFile()与 writeFile()中捕获异常，而是在主程序中统一捕获这两个函数中可能存在的异常。

运行结果：

```
abc
xyz
```

实例 6-1-4　打开文件，写入内容后关闭文件，并再次打开文件读取部分内容，把其内容显示在屏幕上。

```
#实例 6-1-4:ex6-1-4.py
def writeFile():
    fobj=open("c:\\abc.txt","wt")
    fobj.write("abc\nxyz")
    fobj.close()
def readFile(n):
    fobj=open("c:\\abc.txt","rt")
    s=fobj.read(n)
    print(s)
    fobj.close()
try:
    writeFile()
    n=3
    print(n)
    readFile(n)
except Exception as err:
    print(err)
```

执行时，根据 n 值的不同，会有不同的输出结果，读者可自行体验。注意：当 n=4 读 4 个字符时，abc 后面有一个换行符'\n'，只是我们看不见，但是它的确存在，除了 abc 以外，还有'\n'，因此读出的是"abc\n"，字符串的长度为 4。当 n=5 时，读出为"abc\nx"。

当 n=20 时，要求读 20 个字符，但是文件只有 7 个字符，因此只读出全部的"abc\nxyz"。

实例 6-1-5　打开文件，写入内容后关闭文件，并再次打开文件，一次读取一个字符，读取全部内容。如果文件指针已经到了文件的尾部，再读就返回一个空串。

```
#实例 6-1-5:ex6-1-5.py
def writeFile():
    fobj=open("c:\\abc.txt","wt")
    fobj.write("abc\nxyz")
    fobj.close()
def readFile():
    fobj=open("c:\\abc.txt","rt")
    goon=1
    st=""
    while goon==1:
        s=fobj.read(1)
        if s!="":
            st=st+s
        else:
            goon=0
    fobj.close()
    print(st)
try:
    writeFile()
    readFile()
except Exception as err:
    print(err)
```

运行结果：

```
abc
xyz
```

2. 读取一行的函数 readline()

从文件中读取一行函数的调用格式为

```
文件对象.readline()
```

它返回一行字符串。readline()的规则是在文件中连续读取字符以组成字符串，一直读到'\n'字符或者文件尾部为止。注意：如果读到'\n'，那么返回的字符串包含'\n'；如果读到文件尾部，再次读就读到一个空字符串。

实例 6-1-6 写入 abc 与 xyz 两行，读出显示。

```
def writeFile():
    fobj=open("c:\\abc.txt","wt")
    fobj.write("abc\nxyz")
    fobj.close()
def readFile():
    fobj=open("c:\\abc.txt","rt")
    s=fobj.readline()
    print(s,"length=",len(s))
    s=fobj.readline()
    print(s,"length=",len(s))
    s=fobj.readline()
    print(s,"length=",len(s))
```

```
    fobj.close()
try:
    writeFile()
    readFile()
except Exception as err:
    print(err)
```

运行结果：

```
abc
length=4
xyz length=3
length=0
```

第一次读取一行为"abc\n"，第二次读到"xyz"，之后就到了文件尾部，再次读就读到一个空字符串。

实例 6-1-7　打开文件，写入内容后关闭文件，并再次打开文件，一次读取一行字符，读取全部内容。

利用文件指针读到文件尾部，再次读就读到一个空字符串的特性，我们可以设计下列函数一次读取一行，直到把全部读出为止：

```
def writeFile():
    fobj=open("c:\\abc.txt","wt")
    fobj.write("abc\nxyz")
    fobj.close()
def readFile():
    fobj=open("c:\\abc.txt","rt")
    goon=1
    st=""
    while goon==1:
        s=fobj.readline()
        if s!="":
            st=st+s
        else:
            goon=0
    fobj.close()
    print(st)
try:
    writeFile()
    readFile()
except Exception as err:
    print(err)
```

运行结果：

```
abc
xyz
```

3. 读取所有行的函数 readlines()

从文件中读取所有行的函数调用形式为

```
文件对象.readlines()
```

它返回所有的行字符串，每行是用"\n"分开的，而且一行的结尾如果是"\n"，则包含"\n"。一般再次使用for循环从readlines()中提取每一行。

实例6-1-8 读取文本文件。

```
def writeFile():
    fobj=open("c:\\abc.txt","wt")
    fobj.write("abc\n我们\nxyz")
    fobj.close()
def readFile():
    fobj=open("c:\\abc.txt","rt")
    for x in fobj.readlines():
        print(x,end='')
    fobj.close()
try:
    writeFile()
    readFile()
except Exception as err:
    print(err)
```

运行结果：

```
abc
我们
xyz
```

4.【案例】从文件中读取学生信息

(1) 案例描述

读取6.1.1节保存在students.txt的全部学生记录。

(2) 案例分析

读取students.txt文件中学生信息的关键代码如下：

```
f=open("students.txt","rt")
    while True:
    name=f.readline().strip("\n")
if name=="":
        break
    gender=f.readline().strip("\n")
    age=float(f.readline().strip("\n"))
```

每次读取一行后，使用strip("\n")函数把这一行的"\n"去掉，这是因为readline()函数读出的行是包含"\n"的。

(3) 案例代码

```
class Student:
    def __init__(self,name,gender,age):
        self.name=name
```

```
        self.gender=gender
        self.age=age
    def show(self):
        print(self.name,self.gender,self.age)
students=[]
try:
    f=open("student.txt","rt")
    while True:
        name=f.readline().strip("\n")
        if name=="":
            break
        gender=f.readline().strip("\n")
        age=float(f.readline().strip("\n"))
        students.append(Student(name,gender,age))
        f.close()
    for s in students:
        s.show()
except Exception as err:
    print(err)
```

运行结果：

```
张三 男 20.0
李四 女 21.0
```

程序中的

```
f.readline().strip("\n")
```

函数是读一行，但是不包含"\n"符号在内，因为 readline()函数读的结果是包含"\n"的，通过 strip("\n")把"\n"去掉。

6.1.3　文件编码

在 Windows 系统中，如果不指定文本文件的编码，那么它采用系统默认的 GBK 编码，即一个英文字符是 ASCII 码，一个汉字是两字节的内码。

实例 6-1-9　GBK 编码。

```
fobj=open("c:\\abc.txt","wt")
fobj.write("abc我们")
fobj.close()
```

执行后 abc.txt 文件是 7 字节，分别是

```
0x610x620x630xce0xd20xc30xc7
```

其中，前 3 个是 abc 字符，0xce、0xd2 是汉字“我”的内码，0xc3、0xc7 是汉字“们”的内码(abc.txt 内码的查看方式可参考 6.1.5 节)。

实例 6-1-10 UTF-8 编码。

如果不使用默认的编码，则可以在 open()函数中用 encoding 参数指定编码。例如：

```
fobj=open("c:\\abc.txt","wt",encoding="utf-8")
fobj.write("abc 我们")
fobj.close()
```

执行后 abc.txt 文件是 9 字节，分别是：

```
0x610x620x630xe60x880x910xe40xbb0xac
```

其中，前 3 个是 abc 字符，0xe6、0x88、0x91 是汉字“我”的 UTF-8 编码，0xe4、0xbb、0xac 是汉字“们”的 UTF-8 编码。

如果文件是用 GBK 编码存储的，则一定使用 GBK 编码打开读取，不能使用 UTF-8 编码打开读取，反之亦然。

【案例】UTF-8 文件编码。

(1) 案例描述

用 UTF-8 编码存储文本文件，再用相同的编码读取文件。

(2) 案例分析

要按指定的 UTF-8 编码存储，必须在创建文件时指定 encoding：

```
fobj=open("c:\\abc.txt","wt",encoding="utf-8")
```

要按指定的 UTF-8 编码读取，必须在打开文件时指定 encoding：

```
fobj=open("c:\\abc.txt","rt",encoding="utf-8")
```

(3) 案例代码

```
def writeFile():
    fobj=open("c:\\abc.txt","wt",encoding="utf-8")
    fobj.write("abc 我们")
    fobj.close()
def readFile():
    fobj=open("c:\\abc.txt","rt")
    rows=fobj.readlines()
    for row in rows:
        print(row)
try:
    writeFile()
    readFile()
except Exception as err:
    print(err)
```

运行结果：

```
abc 鎴戜滑
```

由此可见，编码不匹配会出现乱码，如果把 readFile 函数改成：

```
def readFile():
    fobj=open("c:\\abc.txt","rt",encoding="utf-8")
    rows=fobj.readlines()
    for row in rows:
        print(row)
```

那么就可以正确读出文件内容了。

6.1.4 文件指针

在程序看来，文件就是由一连串的字节组成的字节流，文件的每个字节都有一个位置编号，一个有 n 字节的文件字节编号依次为 0,1,2,…,$n-1$，在第 n 字节的后面有一个文件结束标志 EOF(End Of File)，图 6-1 所示为文件的模型，其中标明了文件字节值、文件位置编号以及文件指针的关系，该文件有 6 字节，它们是 0x41、0x42、0x43、0x41、0x42、0x61，指针目前指向第 2 字节，EOF 是文件尾。

字节值	41	42	43	41	42	61	EOF
位置	1	2	3	4	5	6	7
指针		↑					

图 6-1 文件指针

文件的操作就是打开这样一个文件流，对各字节进行读写操作，操作完后关闭这个流，并保存到磁盘。文件操作有下列 3 个基本步骤。

① 打开文件：从磁盘中读取文件到内存中，获取一个文件字节流。

② 读写文件：修改或增长文件的这个字节流。

③ 关闭文件：把内存中的字节流写到磁盘中，以文件的形式保存。

文件是一个字节流，读写哪个字节必须指定这个字节的位置，这是由文件指针来决定的。如果字节流有 n 字节，p 是指针的位置($0 \leqslant p \leqslant n-1$)，那么读写的规则如下。

① $0 \leqslant p \leqslant n-1$ 时，指针指向一个文件字节，可以读出该字节，读完后，指针会自动指向下一个字节，即 p 会自动加 1；若 p 指向 EOF 的位置，则不能读出任何文件字节，EOF 通常是循环读文件的循环结束条件。

② $0 \leqslant p \leqslant n-1$ 时，指针指向一个文件字节，可以写入一个新的字节，新的字节将覆盖旧的字节，之后指针会自动指向下一个字节，即 p 会自动加 1；若 p 指向 EOF 的位置，则新写入的字节会变成第 $n+1$ 字节，EOF 向后移动一个位置，在字节流的末尾写入会增长文件的字节流。

Python 使用 tell 函数获取当前文件指针的位置，方法是

```
文件对象.tell()
```

它返回一个整数。

实例 6-1-11 文件指针。

```
fobj=open("c:\\abc.txt","wt")
```

```
    print(fobj.tell())
fobj.write("abc")
    print(fobj.tell())
fobj.write("我们")
    print(fobj.tell())
fobj.close()
```

运行结果：

```
0
3
7
abc 我们
```

由此可见，程序打开时，文件指针指向 0 的开始位置，写"abc"后指针位置变成 3，写"我们"后指针位置变成 7(因为又写了 4 字节)。

Python 中使用 seek 函数来移动文件指针，方法是

```
文件对象.seek(offset[,whence])
```

- offset：开始的偏移量，代表需要移动偏移的字节数。
- whence：可选，默认值为 0。给 offset 参数一个定义，表示要从哪个位置开始偏移；0 代表从文件开头开始算起，1 代表从当前位置开始算起，2 代表从文件末尾开始算起。

在前面讲的文本文件打开模式中，我们不能移动文件指针，如果在打开方式后面附加"＋"号，那么这样的文件就是可以移动文件指针的，打开模式如表 6-2 所示。

表 6-2 文件的打开模式

文件打开模式	含 义
rt＋	读写方式打开一个文本文件，允许读也允许写数据。若文件存在，则打开后文件指针在开始位置；若文件不存在，则打开失败
wt＋	读写方式打开一个文本文件，允许读也允许写数据。若文件不存在，则创建该文件；若文件存在，则打开后清空文件内容，文件指针指向 0 的开始位置
at＋	读写方式打开一个文本文件，允许读也允许写数据。若文件不存在，则创建该文件；若文件存在，则打开后不清空文件内容，文件指针指向文件的末尾位置

实例 6-1-12 读写文件。

```
def writeFile():
    fobj=open("c:\\abc.txt","wt+")
    print(fobj.tell())
    fobj.write("123")
    print(fobj.tell())
    fobj.seek(2,0)
    print(fobj.tell())
    fobj.write("abc")
    print(fobj.tell())
```

```
    fobj.close()
def readFile():
    fobj=open("c:\\abc.txt","rt+")
    rows=fobj.read()
    print(rows)
    fobj.close()
try:
    writeFile()
    readFile()
except Exception as err:
    print(err)
```

运行结果：

```
0
3
2
5
12abc
```

程序先用"wt+"打开文件，文件指针在 0 的位置，写"123"后文件指针在 3 的位置，fobj.seek(0,2)后文件指针在 2 的位置，写"abc"时从位置 2 开始写，因此"a"会覆盖原来的"3"，写完后结果为"12abc"，文件指针在 5 的位置，文件结束。

【案例】调整文件指针读写文件。

(1) 案例描述

使用文件指针随意读写文件。

(2) 案例分析

如果文件按“wt+”或者“rt+”的模式打开，那么文件指针可以随意调整，可以随意对文件进行读写。

(3) 案例代码

```
def writeFile():
    fobj=open("c:\\abc.txt","wt+")
    print(fobj.tell())
    fobj.write("123")
    print(fobj.tell())
    fobj.seek(2,0)
    print(fobj.tell())
    fobj.write("abc")
    print(fobj.tell())
    fobj.close()
def readFile():
    fobj=open("c:\\abc.txt","rt+")
    fobj.write("我们")
    fobj.seek(0,0)
    rows=fobj.read()
    print(rows)
    fobj.close()
```

```
try:
    writeFile()
    readFile()
except Exception as err:
    print(err)
```

运行结果：

```
0
3
2
5
我们 c
```

程序在 writeFile 中写入"12abc"后，在 readFile 中再次写成"我们"，覆盖"123a"的 4 字节，因此结果为"我们 c"，这就是文件 abc.txt 的最终结果。

6.1.5 二进制文件

实际上，所有文件都是二进制文件，因为文件的存储就是一串二进制数据。文本文件也是二进制文件，只不过存储的二进制数据能通过一定的编码转为我们认识的字符而已。

二进制文件在打开模式中使用"b"来表示，模式如表 6-3 所示。

表 6-3 二进制文件的打开模式

文件打开模式	含义
rb	只读打开一个二进制文件，只允许读数据。若文件存在，则打开后可以顺序读；若文件不存在，则打开失败
wb	只写打开或建立一个二进制文件，只允许写数据。若文件不存在，则建立一个空文件；若文件已经存在，则把原文件内容清空
ab	追加打开一个文本文件，并在文件末尾写数据。若文件不存在，则建立一个空文件；若文件已经存在，则把原文件打开，并保持原内容不变，文件位置指针指向末尾，新写入的数据追加在文件末尾
rb+	以读写方式打开一个二进制文件，允许读也允许写数据。若文件存在，则打开后文件指针在开始位置；若文件不存在，则打开失败
wb+	以读写方式打开一个二进制文件，允许读也允许写数据。若文件不存在，则创建该文件；若文件存在，则打开后清空文件内容，文件指针指向 0 的开始位置
ab+	以读写方式打开一个二进制文件，允许读也允许写数据。若文件不存在，则创建该文件；若文件存在，则打开后不清空文件内容，文件指针指向文件的末尾位置

实例 6-1-13 文本文件的二进制数据。

```
def writeFile():
    fobj=open("c:\\abc.txt","wt")
    fobj.write("abc 我们")
    fobj.close()
def readFile():
    fobj=open("c:\\abc.txt","rb")
```

```
    data=fobj.read()
    fori in range(len(data)):
        print(hex(data[i]),end="")
    fobj.close()
try:
    writeFile()
    readFile()
except Exception as err:
    print(err)
```

运行结果：

```
0x610x620x630xce0xd20xc30xc7
```

由此可见，文本文件写入的"abc 我们"在文件中存储的二进制数据是 0x610x620x630xce0xd20xc30xc7，一共 7 字节。

如果采用二进制文件写，那么 writeFile()函数可以改成：

```
def writeFile():
    fobj=open("c:\\abc.txt","wb")
    fobj.write("abc 我们".encode("gbk"))
    fobj.close()
```

其中，abc.txt 是以二进制"wb"打开的，因此 write()函数的数据必须是二进制数据，而且我们把字符串通过 GBK 编码转为二进制数据。一般地，文本文件的读写规则如下。

- 文本文件在写字符串时把字符串按规定的编码转为二进制数据写到文件中。
- 文本文件在读文件时首先读取二进制数据，再把二进制数据按指定的编码转为字符串。
- 文本文件在读文件时把"\r"、"\r\n"、"\n"字符看成换行符号。

【案例】二进制模式读写文本文件。

(1) 案例描述

二进制文件读写与文本文件 GBK 编码。

(2) 案例分析

文件数据的本质是二进制数据，读写二进制文件是文件操作的本质。读文本文件只是读取二进制数据后按一定的编码转为文本，写文本文件只是先把文本按一定的编码转为二进制数据后写入二进制文件。

(3) 案例代码

① GBK 编码读写文件。

```
def writeFileA():
    fobj=open("c:\\abc.txt","wb")
    fobj.write("abc 我们".encode("gbk"))
    fobj.close()
def writeFileB():
    fobj=open("c:\\xyz.txt","wt")
```

```
    fobj.write("abc 我们")
    fobj.close()

def readFile(fileName):
    fobj=open(fileName,"rb")
    data=fobj.read()
    for i in range(len(data)):
        print(hex(data[i]),end="")
    print()
    fobj.close()
try:
    writeFileA()
    writeFileB()
    readFile("c:\\abc.txt")
    readFile("c:\\xyz.txt")
except Exception as err:
    print(err)
```

运行结果：

```
0x610x620x630xce0xd20xc30xc7
0x610x620x630xce0xd20xc30xc7
```

由此可见，writeFileA()与 writeFileB()的结果是一样的。

② UTF-8 编码读写文件。

```
def writeFileA():
    fobj=open("c:\\abc.txt","wb")
    fobj.write("abc 我们".encode("utf-8"))
    fobj.close()
def writeFileB():
    fobj=open("c:\\xyz.txt","wt",encoding="utf-8")
    fobj.write("abc 我们")
    fobj.close()
def readFile(fileName):
    fobj=open(fileName,"rb")
    data=fobj.read()
    for i in range(len(data)):
        print(hex(data[i]),end="")
    print()
    fobj.close()
try:
    writeFileA()
    writeFileB()
    readFile("c:\\abc.txt")
    readFile("c:\\xyz.txt")
except Exception as err:
    print(err)
```

运行结果：

```
0x610x620x630xe60x880x910xe40xbb0xac
0x610x620x630xe60x880x910xe40xbb0xac
```

由此可见，writeFileA()与 writeFileB()的结果也是一样的。

6.2 MySQL 数据库操作

数据可以存储在文件中，但是复杂的数据如果存储在文件中，就必须对数据进行复杂的格式化工作，否则分不清各个数据字段。数据库是专门用来存储数据的系统，使用数据库能自动格式化数据，能存储复杂的数据。

6.2.1 连接 MySQL 数据库

MySQL 是一个关系数据库管理系统，由瑞典 MySQLAB 公司开发，目前是 Oracle 旗下的产品。MySQL 是流行的关系数据库管理系统之一，在 Web 应用方面，MySQL 是最好的 RDBMS(Relational Database Management System，关系数据库管理系统)应用软件。

MySQL 使用的 SQL 语言是用于访问数据库的常用标准化语言。MySQL 软件采用了双授权政策，分为社区版和商业版，由于其体积小、速度快、总体拥有成本低，尤其是开放源码这一特点，一般中小型网站的开发都选择 MySQL 作为网站数据库。Python 没有自带对 MySQL 数据库的支持，必须另外安装。安装也很简单，进入 Python 安装目录的 scripts 子目录，找到 pip.exe 文件，执行：

```
pipinstallpymysql
```

就可以安装 pymysql 的驱动程序，在 Python 中就可以使用 import pymysql 引入这个模块驱动 MySQL 数据库了。

Python 连接 MySQL 数据库的方法如下：

```
con=
pymysql.connect(host="127.0.0.1",port=3306,user="root",passwd="123456",
db="mydb",charset="utf8")
```

其中，connect 是 pymysql 的连接函数，连接的数据库位于服务器 host 上，它可以是服务器的 IP 地址或者服务器名称，这里是 127.0.0.1 的本地 MySQL 数据库。port＝3306 是 MySQL 数据库的默认端口号。user 和 password 是 MySQL 中的用户名称与密码，其中 root 用户是最高级用户。db＝"mydb"是 MySQL 数据库的数据库名称，在连接之前必须在 MySQL 中建立名称为 mydb 的数据库。charset＝"utf8"表示文本数据采用 UTF-8 编码。

实例 6-2-1 使用 Python 连接 MySQL 的 mydb 数据库。

```
import pymysql
try:
con=pymysql.connect(host="127.0.0.1",port=3306,user="root",passwd="123456",
db="mydb",charset="utf8")
    print("连接成功")
```

```
    con.close()
except Exception as err:
    print(err)
```

执行该程序，如果 MySQL 是正常开启且 pymysql 正确安装，就可以看到"连接成功"。

6.2.2 操作数据库

Python 操作数据库的步骤主要如下：

① 建立数据库连接，例如连接本地 MySQL 的 mydb 数据库：

```
con=pymysql.connect(host="127.0.0.1",port=3306,user="root",passwd="123456",
db="mydb",charset="utf8")
```

② 从连接对象获取数据库游标对象 cursor：

```
cursor=con.cursor(pymysql.cursors.DictCursor);
```

其中，cursor 是一个重要的对象，可以使用它执行各种各样的 SQL 命令，方法是：

```
cursor.execute(SQL)
```

其中，execute 是 cursor 的方法，用来执行 SQL 命令。

③ 操作完数据库后，调用 commit()方法提交所有的操作，把更新写入数据库文件。

④ 调用 con.close()方法关闭数据库。

实例 6-2-2 在 MySQL 的 mydb 数据库中创建一张学生记录表 students，包含学号 pNo、姓名 pName、性别 pGender、年龄 pAge 字段。

```
import pymysql
sql="""
create table students
(
    pNo varchar(16) primary key,
    pName varchar(16),
    pGender varchar(8),
    pAge int
)
"""
con=pymysql.connect(host="127.0.0.1",port=3306,user="root",passwd="123456",
db="mydb",charset="utf8")
cursor=con.cursor(pymysql.cursors.DictCursor);
try:
    cursor.execute(sql)
    print("done")
except Exception as err:
    print(err)
cursor.close()
```

第一次运行程序，结果显示 done，说明创建数据表 students 成功，第二次运行程序可以看到结果 tablestudentsalreadyexists，它表明再次执行建立表的命令失败了，因为 students 表已经存在。

【案例】学生数据表的创建

(1) 案例描述

建立学生表 students，并插入几条记录。

(2) 案例分析

学生数据表 students 的定义如下：

```
create table students
(
    pNo varchar(16) primary key,
    pName varchar(16),
    pGender varchar(8),
    pAge int
)
```

这个表可以在 MySQL 环境中创建，也可以使用 Python 的代码创建。

(3) 案例代码

```
import pymysql
sql="""
create table students
(
    pNo varchar(16) primary key,
    pName varchar(16),
    pGender varchar(8),
    pAge int
)
"""
con=pymysql.connect(host="127.0.0.1",port=3306,user="root",passwd="123456",
db="mydb",charset="utf8")
cursor=con.cursor(pymysql.cursors.DictCursor);
try:
    cursor.execute(sql)
except:
    cursor.execute("delete from students")
    cursor.execute("insert into students (pNo,pName,pGender,pAge) values ('1','A',
'男',20)")
    cursor.execute("insert into students (pNo,pName,pGender,pAge) values ('2','B',
'女',21)")
    con.commit()
con.close()
print("done")
```

程序在开始执行语句：

```
try:
    cursor.execute(sql)
```

```
except:
    cursor.execute("delete from students")
```

如果 students 表不存在就建立，如果存在就抛出异常，而程序不理会这个异常，接下来删除这个表中已经存在的记录，最后使用：

```
cursor.execute("insert into students (pNo,pName,pGender,pAge) values ('1','A',
'男',20)")
cursor.execute("insert into students (pNo,pName,pGender,pAge) values ('2','B',
'女',21)")
```

执行两条 insert 的 SQL 命令以插入两条记录，执行完毕后调用：

```
con.commit()
```

把更新写入数据库，这是很有必要的，否则插入的记录还在内存中，没有真正写到数据库表中，最后执行 con.close()方法关闭数据库。

执行完毕后，我们可以在 MySQL 环境中看到 studnets 表中包含两条记录。

6.2.3　MySQL 的数据读写

数据库存储的数据要进行读取与更新，例如前节的 students 表中的学生记录要读出显示，还可以进行更新、删除、增加等操作。

如果要读取数据库表的数据，则可以使用 select 的 SQL 命令，例如读 students 表的数据，则执行：

```
cursor.execute("select * from students")
```

执行完毕后，接下来要执行：

```
cursor.fetchone()
```

其中，fetchone()方法获取一行数据，第一次执行时得到第一行数据，再次执行时得到第二行数据，以此类推，如果执行到了记录集的最后，再次执行 fetchone()方法返回 None。

还有一种方法是使用 fetchall()方法代替 fecthone()方法，fetchall()方法一次可以读取所有的行，读取后一般再次使用 for 循环取出每一行。例如：

```
rows=cursor.fetachall()
for row in rows:
    print(row)
```

实例 6-2-3　读取 students 表的记录。

```
import pymysql
try:
```

```
    con=pymysql.connect(host="127.0.0.1",port=3306,user="root",passwd="
123456",
db="mydb",charset="utf8")
    cursor=con.cursor(pymysql.cursors.DictCursor)
    cursor.execute("select * from students")
    while True:
        row=cursor.fetchone()
        print(row)
        if not row:
            break
    con.close()
except Exception as err:
    print(err)
```

运行结果：

```
{'pNo':'1','pName':'A','pGender':'男','pAge':20}
{'pNo':'2','pName':'B','pGender':'女','pAge':21}
None
```

由此可见，第一次执行fetchone()方法读取返回第一条记录，第二次执行fetchone()方法读取返回第二条记录，第三次执行fetchone()方法读取返回None。

实例6-2-4　读取students表记录的各个字段值。

```
importp ymysql
try:
    con=pymysql.connect(host="127.0.0.1",port=3306,user="root",passwd="
123456",
db="mydb",charset="utf8")
    cursor=con.cursor(pymysql.cursors.DictCursor)
    cursor.execute("select * from students")
    while True:
        row=cursor.fetchone()
        if not row:
            break
    print(row["pName"],row["pGender"],row["pAge"])
    con.close()
except Exception as err:
    print(err)
```

运行结果：

```
1 A 男 20
2 B 女 21
```

由此可见，使用row["pName"]、row["pGender"]、row["pAge"]分别得到字段pNo、pName、pGender、pAge的值。

在执行select命令后，读数据库数据除了使用fetchone()方法一行一行地读取外，还可以使用 fetchall()方法一次读取全部行。

实例 6-2-5 使用 fetchall()方法读取 students 表的全部记录。

```
import pymysql
try:
    con=pymysql.connect(host="127.0.0.1",port=3306,user="root",passwd=
"123456",db="mydb",charset="utf8")
    cursor=con.cursor(pymysql.cursors.DictCursor)
    cursor.execute("select * from students")
    rows=cursor.fetchall()
    for row in rows:
        print(row["pName"],row["pGender"],row["pAge"])
    con.close()
except Exception as err:
    print(err)
```

运行结果：

```
1 A 男 20
2 B 女 21
```

由此可见，fetchall()方法能一次读取所有的行，读取的结果可以再次使用 for 循环得到每行数据。

【案例】学生数据表的管理

(1) 案例描述

编写程序实现学生数据表 students 记录的查询、增加、更新、删除操作。

(2) 案例分析

可以使用 insert、update、delete 等命令来更新数据库数据，每次执行 cursor.execute(SQL)后，可以使用 cursor.rowcount 来获取受影响的行数。

(3) 案例代码

```
import pymysql
try:
    con=pymysql.connect(host="127.0.0.1",port=3306,user="root",passwd=
"123456",db="mydb",charset="utf8")
    cursor=con.cursor(pymysql.cursors.DictCursor)
    cursor.execute("delete from students")
    print(cursor.rowcount)
    cursor.execute("insert into students (pNo,pName,pGender,pAge) values ('1','A',
'男',20)")
    print(cursor.rowcount)
    cursor.execute("insert into students (pNo,pName,pGender,pAge) values ('2','B',
'女',21)")
    print(cursor.rowcount)
    cursor.execute("update students set pName='X' where pNo='1'")
    print(cursor.rowcount)
    cursor.execute("update students set pName='X' where pNo='3'")
```

```
    print(cursor.rowcount)
    cursor.execute("delete from students wherep No='1'")
    print(cursor.rowcount)
    cursor.execute("delete from students where pNo='3'")
    print(cursor.rowcount)
    con.commit()
    con.close()
except Exception as err:
    print(err)
```

运行结果：

```
2
1
1
1
0
1
0
```

由此可见，delete from students 命令删除了 2 条记录，然后每条插入命令都插入 1 条记录之后：

```
update students set pName='X' where pNo='1'
```

更新了一条记录，但是

```
update students set pName='X' where pNo='3'
```

没有更新记录，这是因为没有 pNo='3'的记录。

同样，

```
delete from students where pNo='1'
```

删除了一条记录，但是

```
delete from students where pNo='3'
```

没有删除记录，这是因为没有 pNo='3'的记录。

注意：所有数据库更新操作完毕后，要记得执行 con.commit()命令，否则这些更新只存在内存中，没有真正更新到数据库文件 students.db 中。

6.2.4　数据库参数

数据库操作的基本命令是 SQL 命令，而 SQL 命令一般是一个字符串，但在有些情况下，由于数据的特殊性，并不能组织一条完整的 SQL 命令，这就要求使用带参数的 SQL 命令。

在使用 execute 执行 SQL 命令时会碰到以下两个问题。

① 如果数据复杂，则组合的SQL命令可能会无效，例如students表中如果要插入一个学生的姓名是R"J，那么

```
sql="insert into students (pNo,pName) values ('1','R"J')"
```

这样的SQL命令是无效的，怎样插入这样的记录就成了问题。

② 如果数据表包含一些复杂的字段，例如学生表还有学生照片pImage字段以及备注指令pNote，即

```
create table studentExts
(
    pNo varchar(16) primary key,
    pName varchar(16),
    pGender varchar(8),
    pAge int,
    pImage blob,
    pNote text
)
```

那么要把二进制数据存储到pImage中，通过前面介绍的文本组合的SQL命令是不行的，同时pNote字段可能存储了很多稀奇古怪的字符。这些问题的提出使得我们不得不采用带参数的execute命令，这种命令基本形式是

```
cursor.execute(带参数的 SQL 命令,(参数列表))
```

其中，带参数的SQL命令是把SQL命令中不确定的值用参数表示，MySQL数据库参数统一用"%s"表示，参数列表是对应参数的具体值，它们放在一个元组或者列表中，例如

```
cursor.execute("insert into students (pNo,pName) values (% s,% s)",('1','R"J'))
```

在执行时，pNo、pName的值是参数%s、%s表示的，具体的值由后面的('1','R"J')提供，因此pNo='1',pName='R"J'。

【案例】学生数据表的管理

(1) 案例描述

使用数据库SQL命令参数的方法管理学生数据表。

(2) 案例分析

有了参数的SQL命令可以处理各种各样的数据，可以设计一个StudentDB的类来实现学生表的各种数据操作，例如插入一条记录：

```
sql="insert into students(pNo,pName,pGender,pAge)values(%s,%s,%s,%s)"
self.cursor.execute(sql,(pNo,pName,pGender,pAge))
```

其中，sql中有4个%s参数，对应的在execute命令中提供这4个参数的具体值。

（3）案例代码

```
>>> import pymysql
>>> class StudentDB:
...     def open(self):
...         self.con = pymysql.connect(
...             host="127.0.0.1",
...             port=3306,
...             user="root",
...             passwd="123456",
...             db="mydb",
...             charset="utf8"
...         )
...         self.cursor = self.con.cursor(pymysql.cursors.DictCursor)
...         try:
...             sql = "create table students (pNo varchar(16) primary key, pName
   varchar(16), pGender varchar(8), pAge int)"
...             self.cursor.execute(sql)
...         except:
...             pass
...     def close(self):
...         self.con.commit()
...         self.con.close()
...     def clear(self):
...         try:
...             self.cursor.execute("delete from students")
...         except Exception as err:
...             print(err)
...     def show(self):
...         self.cursor.execute("select pNo, pName, pGender, pAge from students")
...         print("%-16s%-16s%-8s%-4s" % ("No", "Name", "Gender", "Age"))
...         rows = self.cursor.fetchall()
...         for row in rows:
...             print("%-16s%-16s%-8s%-4d" % (row["pNo"], row["pName"], row["
   pGender"], row["pAge"]))
...     def insert(self, pNo, pName, pGender, pAge):
...         try:
...             sql = "insert into students (pNo, pName, pGender, pAge) values
   (%s, %s, %s, %s)"
...             self.cursor.execute(sql, (pNo, pName, pGender, pAge))
...             print(self.cursor.rowcount, "row inserted")
...         except Exception as err:
...             print(err)
...     def update(self, pNo, pName, pGender, pAge):
...         try:
...             sql = "update students set pName=%s, pGender=%s, pAge=%s where
   pNo=%s"
...             self.cursor.execute(sql, (pName, pGender, pAge, pNo))
...             print(self.cursor.rowcount, "row updated")
...         except Exception as err:
...             print(err)
...     def delete(self, pNo):
...         try:
```

```
...             sql = "delete from students where pNo=%s"
...             self.cursor.execute(sql, (pNo,))
...             print(self.cursor.rowcount, "row deleted")
...         except Exception as err:
...             print(err)
>>> db = StudentDB()
>>> db.open()
>>> db.clear()
>>> db.insert("5", "E", "女", 32)
>>> db.show()
>>> db.update("5", "X", "女", 30)
>>> db.show()
>>> db.insert("2", "B", "女", 20)
>>> db.show()
>>> db.delete("2")
>>> db.show()
>>> db.close()
```

运行结果：

```
1 row inserted
No            Name            Gender   Age
2              B              女        20
5              X              女        30
1 row deleted
No            Name            Gender   Age
5              X              女        30
```

程序中设计了 open()与 close()来打开与关闭数据库，clear()清空数据库表 students 的数据，insert、update、delete 分别实现数据的插入、更新、删除，而 show 时显示学生记录。值得注意的是 delete 函数中的语句：

```
self.cursor.execute(sql,(pNo,))
```

其中，(pNo,)表示只有一个元素的元组，不能写成：

```
self.cursor.execute(sql,(pNo))
```

这个(pNo)等效于 pNo，是一个单值，不是元组。

6.3 实践项目

6.3.1 项目一：教材记录管理

1. 项目描述及分析

这个项目是通过面向对象的方法设计教材类 Book，包含书号(ISBN)、教材名称(Title)、作者(Author)、出版社(Publisher)，然后设计教材记录管理类 BookList 来管理一组教材记录。

程序运行后显示"＞"的提示符号，在"＞"后面可以输入 show、insert、update、delete 等命令实现记录的显示、插入、修改、删除等功能，执行一个命令后继续显示"＞"提示符号，如果输入 exit 就退出系统，输入的命令不正确时会提示正确的输入命令。

在程序启动时会读取 books.txt 的教材记录，在程序结束时会把记录存储在 books.txt 文件中。

2. 参考代码

```
#实例 6-3-1:ex6-3-1.py
#教材记录管理
#教材类 Book
>>> class Book:
...     def __init__(self, ISBN, Title, Author, Publisher):
...         self.ISBN = ISBN
...         self.Title = Title
...         self.Author = Author
...         self.Publisher = Publisher
...     def show(self):
...          print ("%-16s%-16s%-16s%-16s" % (self.ISBN, self.Title, self.
  Author, self.Publisher))

#教材记录管理类 BookList
>>> class BookList:
...     #默认构造函数
...     def __init__(self):
...         #列表的每个元素是一个 Book 对象，这样就记录了一组教材
...         self.books = []
...     #数据输出
...     def show(self):
...         print("%-16s%-16s%-16s%-16s" % ("ISBN", "Title", "Author",
  "Publisher"))
...         for s in self.books:
...             s.show()
...     '''
...     增加记录的函数是 insert 与__insert，其中 insert 完成教材信息的输入，__insert
  完成教材的真正插入，
...     插入时通过扫描教材编号 ISBN 确定插入新教材的位置，保证插入的教材时按 ISBN 从小
  到大排列的。
...     '''
...     def insert(self):
...         ISBN = input("ISBN=")
...         Title = input("Title=")
...         Author = input("Author=")
...         Publisher = input("Publisher=")
...         if ISBN != "" and Title != "":
...             self.__insert(Book(ISBN, Title, Author, Publisher))
...         else:
...             print("ISBN、教材名称不能空")
...     def __insert(self, s):
```

```
...         i = 0
...         while i < len(self.books) and s.ISBN > self.books[i].ISBN:
...             i += 1
...         if i < len(self.books) and s.ISBN == self.books[i].ISBN:
...             print(s.ISBN + " 已经存在")
...             return False
...         self.books.insert(i, s)
...         print("增加成功")
...         return True
...     '''
...     更新记录的函数是 update 与__update,其中 update 完成教材信息的输入,__update
    完成教材的记录的真正更新,
...     更新时通过扫描教材编号 ISBN 确定教材的位置,编号不能更新。
...     '''
...     def update(self):
...         ISBN = input("ISBN=")
...         Title = input("Title=")
...         Author = input("Author=")
...         Publisher = input("Publisher=")
...         if ISBN != "" and Title != "":
...             self.__update(Book(ISBN, Title, Author, Publisher))
...         else:
...             print("ISBN、教材名称不能空")
...     def __update(self, s):
...         flag = False
...         for i in range(len(self.books)):
...             if s.ISBN == self.books[i].ISBN:
...                 self.books[i].Title = s.Title
...                 self.books[i].Author = s.Author
...                 self.books[i].Publisher = s.Publisher
...                 print("修改成功")
...                 flag = True
...                 break
...         if not flag:
...             print("没有这个教材")
...         return flag
...     '''
...     删除记录的函数是 delete 与__delete,其中 delete 完成教材编号的输入,__delete
    完成教材的记录的真正删除。
...     '''
...     def delete(self):
...         ISBN = input("ISBN=")
...         if ISBN != "":
...             self.__delete(ISBN)
...     def __delete(self, ISBN):
...         flag = False
...         for i in range(len(self.books)):
...             if self.books[i].ISBN == ISBN:
...                 del self.books[i]
...             print("删除成功")
...             flag = True
...             break
...         if not flag:
```

```
...             print("没有这个教材")
...         return flag
...     '''
...     读取数据
...     '''
...     def read(self):
...         self.books = []
...         try:
...             f = open("books.txt", "rt")
...             while True:
...                 ISBN = f.readline().strip("\n")
...                 Title = f.readline().strip("\n")
...                 Author = f.readline().strip("\n")
...                 Publisher = f.readline().strip("\n")
...                 if ISBN != "" and Title != "" and Author != "" and Publisher !
                        = "":
...                     b = Book(ISBN, Title, Author, Publisher)
...                     self.books.append(b)
...                 else:
...                     break
...             f.close()
...         except:
...             pass
...     '''
...     保存数据
...     '''
...     def save(self):
...         try:
...             f = open("books.txt", "wt")
...             for b in self.books:
...                 f.write(b.ISBN + "\n")
...                 f.write(b.Title + "\n")
...                 f.write(b.Author + "\n")
...                 f.write(b.Publisher + "\n")
...             f.close()
...         except Exception as err:
...             print(err)
...     '''
...     process 函数启动一个无限循环,不断显示命令提示符号">",等待输入命令,能接受的
    命令是 show、insert、update、delete、exit,其他输入无效。
...     '''
...     def process(self):
...         self.read()
...         while True:
...             s = input(">")
...             if s == "show":
...                 self.show()
...             elif s == "insert":
...                 self.insert()
...             elif s == "update":
...                 self.update()
...             elif s == "delete":
...                 self.delete()
```

```
...            elif s == "exit":
...                break
...            else:
...                print("show: show Books")
...                print("insert: insert a new Book")
...                print("update: update a Book")
...                print("delete: delete a Book")
...                print("exit: exit")
...        self.save()
>>> books = BookList()
>>> books.process()
```

3. 运行结果

```
>show
ISBN  Title  Author  Publisher
 233   221     11        11
>delete
ISBN=233
删除成功
>show
ISBN  Title  Author  Publisher
>exit
```

6.3.2 项目二：学生成绩管理

1. 项目描述及分析

(1) 数据库设计

成绩存储在 mydb 的 marks 表中，marks 表的建立命令为

```
create table marks(pNo varchar(16) primary key,pName varchar(16),pChinese
float,pMath float,pEnglish float)
```

(2) 增加成绩、更新成绩、删除成绩这些功能与前面很多示例相似，不再赘述。

(3) 导出成绩

数据库中的成绩按一定文件格式导出到文本文件是十分有用的，本程序导出的文件 marks.txt 格式如下：

```
学号,姓名,语文,数学,英语
111,张三,67.0,78.0,90.0
222,James,57.0,78.0,45.0
```

其中，第一行是标题，第二行后是数据，每条记录占一行，各个字段的值用逗号分开。

```
def export(self):
    try:
        f=open("marks.txt","wt")
        self.cursor.execute("select * from marks")
        f.write("学号,姓名,语文,数学,英语\n")
```

```
        rows=self.cursor.fetchall()
        for row in rows:
            f.write(row["pNo"]+","+row["pName"]+","+str(row["pChinese"])+",
"+str(row["pMath"])+","+str(row["pEnglish"])+"\n")
        f.close()
        print("成绩导出完毕")
    except Exception as err:
        print(err)
```

(4) 导入成绩

程序能够从与 marks.txt 文件格式一样的文本文件中批量导入成绩到数据库，这个功能是十分有用和高效的，不用一条条地输入。

要导入成绩，必须要求导入文件有严格的格式，第一行是学号、姓名、语文、数学、英语的标题，第二行后是数据，每个数据行的成绩都经过严格的控制，设计函数__parseMark 来获取字符串 s 表示的成绩，保证 s 表示一个[0,100]的合理成绩。例如：

```
def __parseMark(self,s):
    m=0
    try:
        m=float(s)
        if m<0 or m>100:
            m=0
    except:
        pass
    return m
```

2. 参考代码

```
#实例 6-3-2:ex6-3-2.py
#学生数据表的管理
>>> import pymysql
>>> import os
>>> class MarkDB:
...     def open(self):
...         self.con = pymysql.connect(host="127.0.0.1", port=3306, user="root",
...                                     passwd="123456", db="mydb", charset="utf8")
...         self.cursor = self.con.cursor(pymysql.cursors.DictCursor)
...         try:
...             sql = '''create table marks(
...                 pNo varchar(16) primary key,
...                 pName varchar(16) ,
...                 pChinese float,
...                 pMath float,
...                 pEnglish float)
...                 '''
...
...             self.cursor.execute(sql)
...         except:
...             pass
...     def close(self):
...         self.con.commit()
```

```
...         self.con.close()
...     def clear(self):
...         try:
...             self.cursor.execute("delete from marks")
...         except Exception as err:
...             print(err)
...     def show(self):
...         try:
...             self.cursor.execute("select * from marks")
...             print("%-16s%-16s%-8s%-8s%-8s" % ("学号", "姓名", "语文", "数
学", "英语"))
...             rows = self.cursor.fetchall()
...             for row in rows:
...                 print("%-16s%-16s%-8.0f%-8.0f%-8.0f" % (
...                 row["pNo"], row["pName"], row["pChinese"], row["pMath"], row
["pEnglish"]))
...         except Exception as err:
...             print(err)
...     def __insert(self, pNo, pName, pChinese, pMath, pEnglish):
...         try:
...             sql = "insert into marks (pNo,pName,pChinese,pMath,pEnglish)
values(%s,%s,%s,%s,%s)"
...             self.cursor.execute(sql, (pNo, pName, pChinese, pMath, pEnglish))
...             print(self.cursor.rowcount, " row inserted")
...         except Exception as err:
...             print(err)
...     def __update(self, pNo, pName, pChinese, pMath, pEnglish):
...         try:
...             sql = "update marks set pName=%s,pChinese=%s,pMath=%s,pEnglish=%s
where pNo=%s"
...             self.cursor.execute(sql, (pName, pChinese, pMath, pEnglish,pNo))
...             print(self.cursor.rowcount, " row updated")
...         except Exception as err:
...             print(err)
...     def __delete(self, pNo):
...         try:
...             sql = "delete from marks where pNo=%s"
...             self.cursor.execute(sql, (pNo,))
...             print(self.cursor.rowcount, " row deleted")
...         except Exception as err:
...             print(err)
...     def enterMark(self, s):
...         while True:
...             m = input(s)
...             try:
...                 m = float(m)
...                 if m >= 0 and m <= 100:
...                     break
...             except Exception as err:
...                 print(err)
...         return m
...     def insert(self):
...         pNo = input("学号:").strip()
```

```
...             pName = input("姓名:").strip()
...             if pNo != "" and pName != "":
...                 pChinese = self.enterMark("语文:")
...                 pMath = self.enterMark("数学:")
...                 pEnglish = self.enterMark("英语:")
...                 self.__insert(pNo, pName, pChinese, pMath, pEnglish)
...             else:
...                 print("学号、姓名不能空")
...     def update(self):
...             pNo = input("学号:").strip()
...             pName = input("姓名:").strip()
...             if pNo != "" and pName != "":
...                 pChinese = self.enterMark("语文:")
...                 pMath = self.enterMark("数学:")
...                 pEnglish = self.enterMark("英语:")
...                 self.__update(pNo, pName, pChinese, pMath, pEnglish)
...             else:
...                 print("学号、姓名不能空")
...     def delete(self):
...             pNo = input("学号:").strip()
...             if pNo != "":
...                 self.__delete(pNo)
...             else:
...                 print("学号不能空")
...     def export(self):
...             try:
...                 f = open("marks.txt", "wt")
...                 self.cursor.execute("select * from marks")
...                 f.write("学号,姓名,语文,数学,英语%n")
...                 rows = self.cursor.fetchall()
...                 for row in rows:
...                     f.write(row["pNo"] + "," + row["pName"] + "," + str(row[
    "pChinese"]) + "," + str(row["pMath"]) + "," + str(row["pEnglish"]) + "%n")
...                 f.close()
...                 print("成绩导出完毕")
...             except Exception as err:
...                 print(err)
...     def __parseMark(self, s):
...             m = 0
...             try:
...                 m = float(s)
...                 if m < 0 or m > 100:
...                     m = 0
...             except:
...                 pass
...             return m
...     def load(self):
...             try:
...                 s = input("输入导入文件路径与名称:")
...                 if os.path.exists(s):
```

```
...                 f = open(s, "rt")
...                 s = f.readline().strip("%n")
...                 st = s.split(",")
...                 if len(st) == 5 and st[0] == "学号" and st[1] == "姓名" and
st[2] == "语文" and st[3] == "数学" and st[4] == "英语":
...                     s = "going"
...                     while s != "":
...                         s = f.readline().strip("%n")
...                         if s != "":
...                             st = s.split(",")
...                             if len(st) == 5:
...                                 pNo = st[0].strip()
...                                 pName = st[1].strip()
...                                 pChinese = self.__parseMark(st[2])
...                                 pMath = self.__parseMark(st[3])
...                                 pEnglish = self.__parseMark(st[3])
...                                 if pNo != "" and pName != "":
...                                     self.__insert(pNo, pName, pChinese, pMath,
pEnglish)
...                     print("成绩转载完毕")
...                 else:
...                     print("文件格式不正确")
...                 f.close()
...             else:
...                 print(s + "文件不存在")
...         except Exception as err:
...             print(err)
...     def process(self):
...         self.open()
...         self.clear()
...         while True:
...             s = input(">")
...             if s == "show":
...                 self.show()
...             elif s == "insert":
...                 self.insert()
...             elif s == "update":
...                 self.update()
...             elif s == "delete":
...                 self.delete()
...             elif s == "export":
...                 self.export()
...             elif s == "load":
...                 self.load()
...             elif s == "exit":
...                 break
...             else:
...                 print("Accept commands:show/insert/update/delete/export/
load/exit")
...                 print("show --- show the rows")
...                 print("insert --- insert a new row")
...                 print("update --- update a row")
```

```
...                 print("delete --- delete a row")
...                 print("export --- export to marks.txt")
...                 print("load --- load from a file")
...                 print("exit --- exit and stop")
...         self.close()
...
>>> db = MarkDB()
>>> db.process()
```

3. 运行结果

读者可根据此代码上机运行并查看结果。

本章小结

本章首先介绍了文件的概念,打开文件和关闭文件的方法,文本文件的读取操作,二进制文件的读写操作等内容。

文件可以分为文本文件和二进制文件两种存储形式。文本文件是按ASCII码、UTF-8、Unicode等格式进行编码;二进制文件存储的是由0和1组成的二进制编码,二进制文件只能当作字节流处理,二进制文件和文本文件最主要的区别在于编码格式。

文件操作需要先使用open()方法打开文件,结束后再用close()方法关闭文件。文件的读操作使用read()方法,文件的写操作使用write()方法,文件的定位读写操作使用tell()方法和seek()方法。

本章还介绍了在Python中使用MySQL(pymysql)模块编程的知识。SQL语言即结构化查询语言,本章介绍了create table、alter、insert、update、delece、select等SQL命令。

课后习题

一、简答题

1. 请简述文件操作的3个基本步骤。

2. 在Python中,可以使用pymysql模块中的pymysql.connect()方法连接MySQL数据库,请对connect()方法的主要参数进行解释说明。

二、编程题

1. 编写Python程序,实现手动输入一段文本,对文本内容进行解析,将文本中的数字保存至当前目录的1.txt文件,其他内容保存至当前目录的a.txt文件。

2. 编写Python程序,实现手动输入一个文件扩展名和工作目录,查找工作目录下所有该类型的文件。

3. 编写Python程序,实现手动输入两个工作目录,查找两个工作目录下的不同文件。

4. 编写Python程序,使用pymysql模块连接本地MySQL数据库中已存在的数据库,并列出当前数据库下的所有数据表。

5. 编写Python程序,自定义connect_to_database和create_student_table函数并调用。connect_to_database函数用于连接本地MySQL数据库,create_student_table函数用于在数据库中创建student表,数据字段包括学号、姓名、专业、年龄、性别。

第 7 章 综合项目——学生成绩管理系统

学习目标

- 掌握 re(正则表达式)模块的使用。
- 掌握 os(操作系统)模块的使用。
- 掌握项目的需求分析。
- 掌握项目的功能设计。
- 掌握项目各模块的设计及实现。

正则表达式是一个特殊的字符序列,它能帮助你方便地检查一个字符串是否与某种模式匹配。自 Python 1.5 版本起增加了 re 模块,它提供 Perl 风格的正则表达式模式。re 模块使 Python 语言拥有全部的正则表达式功能。compile 函数根据一个模式字符串和可选的标志参数生成一个正则表达式对象。该对象拥有一系列方法,用于正则表达式匹配和替换。

re 模块也提供了与这些方法功能完全一致的函数,这些函数使用一个模式字符串作为它们的第一个参数。os 模块提供了非常丰富的方法,用来处理文件和目录。

本章将主要介绍 Python 的 re(正则表达式)模块中常用的正则表达式以处理函数,以及 os(操作系统)模块的使用,还将介绍项目的开发流程。

7.1 Python 模块补充

7.1.1 re(正则表达式)模块的使用

Python 通过 re 模块实现了正则表达式的功能。re 模块提供了一些根据正则表达式进行查找、替换、分隔字符串的函数。

正则表达式就是使用预先定义好的特定字符,以及这些特定字符组成字符串的匹配表达式,然后利用表达式匹配或提取字符串。因此,我们首先需要熟悉正则表达式中的特定字符以及它们的含义和用法。

1. 基本字符介绍

(1) 点号

表示匹配除换行"\n"外的任意一个字符。假设表达式为 a.c,则匹配 abc/a1c,不匹配 ac。但是 Python 的 re 模块函数可以通过设置 re.S 标志让它也匹配换行符。例如:

```
>>>importre
>>>re.findall(r'a.c','abc')
['abc']
>>>re.findall(r'a.c','ac')
[]
>>>re.findall(r'a.c','a\nc',re.S)
['a\nc']
```

(2) 转义字符

使后一个字符改变原来的含义。假设表达式为 a\.c,则仅匹配 a.c,不匹配 abc、a1c 等 a 与 c 之间为非点号"."的字符串。在转义符之后,点号失去了原来代表任意字符的含义。例如:

```
>>>re.findall(r'a\.c','a.c')
['a.c']
>>>re.findall(r'a\.c','abc')
[]
```

(3) 字符集

对应的位置可以是字符集中任意字符,字符集中的字符可以逐个列出,也可以给出范围,或者如果第一个字符是^,则表示取反。下面针对这几种情形逐一讲解。

[...]字符集中的字符逐个列出,如[bcd]。假设正则表达式为 a[bcd]e,则匹配 abe、ade,但不匹配 afe。例如:

```
>>>re.findall(r'a[bcd]e','abe')
['abe']
>>>re.findall(r'a[bcd]e','ade')
['ade']
>>>re.findall(r'a[bcd]e','afe')
[]
```

[...]字符集中的字符以范围给出,假设表达式为 a[a-d]e,相当于 a[abcd]e,则匹配 abe、ade。例如:

```
>>>re.findall(r'a[a-d]e','abe')
['abe']
>>>re.findall(r'a[a-d]e','ade')
['ade']
```

如果[...]字符集的第一个字符是^,则表示取反。假设表达式为 a[^abc]e,则匹配 afe,不匹配 abe、ace。例如:

```
>>>re.findall(r'a[^abc]e','abe')#^在中括号内表示取反,所以 a[^abc]e 可以匹配 afe、
                                #a1e,但不匹配 abe、ace
[]
>>>re.findall(r'a[^abc]e','afe')
['afe']
```

如果^字符不是第一个字符，则它仅表示一个普通的字符。假设表达式为 a[a^bc]e，则匹配 abe、a^e、ace，不匹配 afe。例如：

```
>>>re.findall(r'a[a^bc]e','abe')
['abe']
>>>re.findall(r'a[a^bc]e','a^e')
['a^e']
>>>re.findall(r'a[a^bc]e','afe')
[]
```

特殊字符在字符集[...]中都失去其原有的特殊含义。假设表达式为 a[a.bc]e，则匹配 abe、ace、a.e，不匹配 afe。例如：

```
>>>re.findall(r'a[a.bc]e','a.e')   #特殊符号"."在中括号内失去了原有的含义
['a.e']
>>>re.findall(r'a[a.bc]e','afe')
[]
```

2. 预定义字符集

\d 表示一个数字，相当于[0-9]。假设表达式为 a\dc，则匹配 a1c，不匹配 abc。例如：

```
>>>re.findall(r'a\dc','a1c')
['a1c']
>>>re.findall(r'a\dc','abc')
[]
```

\D 表示一个非数字，相当于[^0-9]。假设表达式 a\Dc，则匹配 abc，不匹配 a1c。例如：

```
>>>re.findall(r'a\Dc','a1c')
['a1c']
>>>re.findall(r'a\Dc','abc')
[]
#其他预定义字符集可参阅 http://www.runoob.com
```

3. re 模块常用函数

```
sub(pattern,repl,string,count=0)
```

根据指定的正则表达式替换字符串中的子串。pattern 是一个正则表达式，repl 是用于替换的字符串，string 是源字符串，如果 count 为 0，则返回 string 中匹配的所有结果。如果 count>0，则返回前 count 个匹配结果。例如：

```
#其他常用函数可参阅 http://www.runoob.com
>>>importre
>>>Str='Python:Java:C'
>>>re.sub(r'P.*n','Ruby',Str)
'Ruby:Java:C'
>>>print(Str)                                  #不改变原字符串
Python:Java:C
```

7.1.2 os(操作系统)模块的使用

1. os 模块的常用方法

在文件数据存储操作中,经常需要查找存储文件,例如查找数据文件(从而读取数据文件的数据)、判断路径是否存在,经常要对文件和路径进行操作,这就依赖于 os 模块。

(1) 当前路径及路径下的文件

- os.getcwd():查看当前所在路径。
- os.listdir(path):列举目录下的所有文件,返回的是列表类型。

(2) 查看文件是否存在

- os.path.exists(path):文件或文件夹是否存在,返回 True 或 False。

```
>>>os.listdir(os.getcwd())
['hello.py','test.txt']
>>>os.path.exists('D:\\pythontest\\ostest\\hello.py')
True
>>>os.path.exists('D:\\pythontest\\ostest\\Hello.py')
True
>>>os.path.exists('D:\\pythontest\\ostest\\Hello1.py')
False
#其他常用方法请参阅 http://www.runoob.com
```

7.2 项目需求分析、主函数设计及实现

7.2.1 项目描述

本项目使用 Python 语言开发一个学生信息管理系统,该系统可以帮助教师快速录入学生的信息,并且对学生的信息进行基本的增、删、改、查操作;还可以根据排序功能宏观地看到学生成绩从高到低的排列,随时掌握学生近期的学习状态,实时地将学生信息保存到磁盘文件中,方便教师查看学生的成绩。

7.2.2 项目环境

本实验的软件开发以及运行环境如下。

- 操作系统:Windows 7、Windows 10。
- Python 版本:Python 3.11.7。
- 开发工具:Python IDLE、VScode 或者 PyCharm。
- Python 内置模块:os、re。

7.2.3 需求分析

为了满足学校使用学生成绩进行信息化管理的需求,学生信息管理系统应该具备的功能如图 7-1 所示。

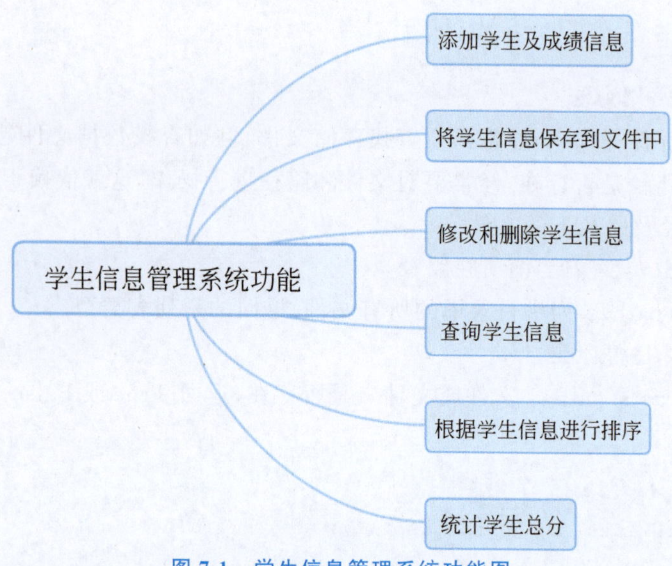

图 7-1 学生信息管理系统功能图

7.2.4 系统设计

学生信息管理系统分为 7 大功能模块，主要包括录入学生信息模块、查找学生信息模块、删除学生信息模块、修改学生信息模块、学生成绩排名模块、统计学生总人数模块及显示所有学生信息模块。学生信息管理系统的功能结构如图 7-2 所示。

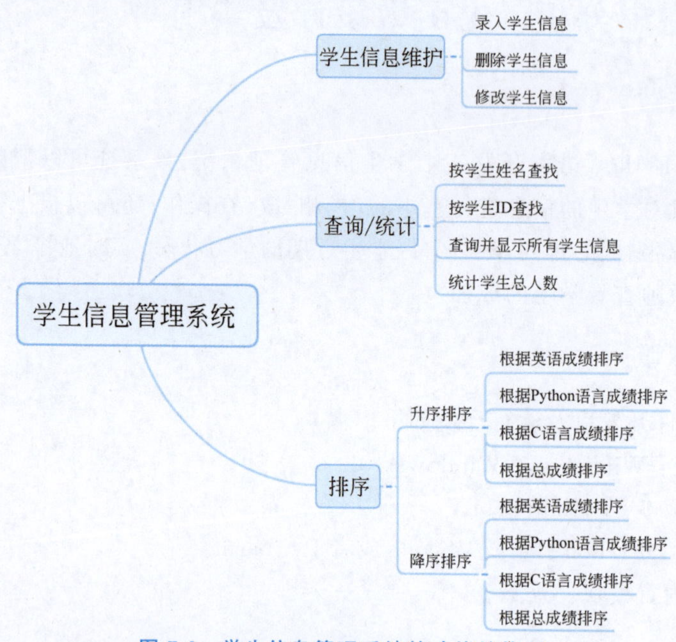

图 7-2 学生信息管理系统的功能结构图

系统主界面效果如图 7-3 所示。

录入学生信息界面效果如图 7-4 所示。

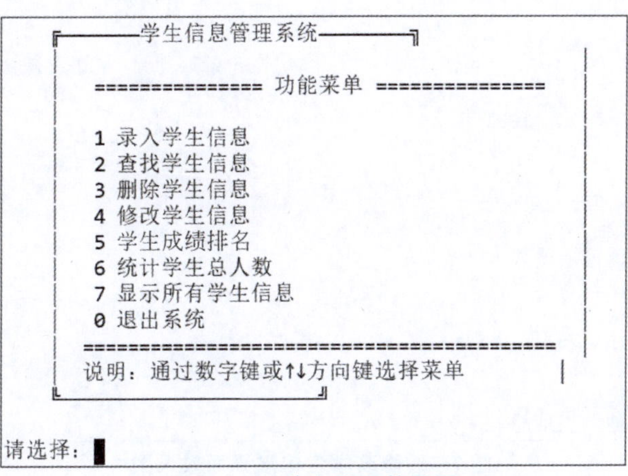

图 7-3 系统主界面效果图

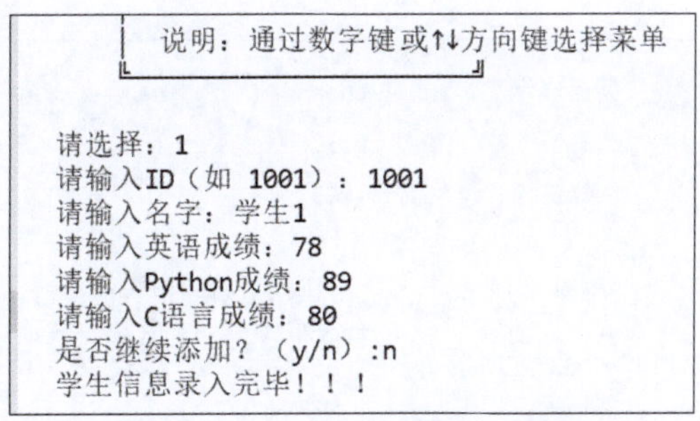

图 7-4 录入学生信息界面效果图

显示所有学生信息界面效果如图 7-5 所示。

```
请选择：7
 ID        名字          英语成绩      Python成绩      C语言成绩      总成绩
 1001      学生1          75            75              75            225
 1002      学生2          89            77              85            251
 1003      学生3          45            65              67            177
 1004      学生4          83            66              65            214
```

图 7-5 显示所有学生信息界面效果图

查找学生信息界面效果如图 7-6 所示。

```
请选择：2
按ID查输入1；按姓名查输入2：2
请输入学生姓名：学
(o@.@o) 无数据信息 (o@.@o)

是否继续查询？（y/n）:y
按ID查输入1；按姓名查输入2：2
请输入学生姓名：学生1
 ID        名字          英语成绩      Python成绩      C语言成绩      总成绩
 1001      学生1          78            89              80            247
是否继续查询？（y/n）:
```

图 7-6 查找学生信息界面效果图

修改学生信息界面效果如图 7-7 所示。

```
请选择：4
  ID        名字              英语成绩           Python成绩          C语言成绩          总成绩
 1001      学生1               78                 89                 80               247
请输入要修改的学生ID：1001
找到了这名学生，可以修改他的信息！
请输入姓名：
请输入英语成绩：77
请输入Python成绩：
您的输入有误，请重新输入。
请输入姓名：学生1
请输入英语成绩：75
请输入Python成绩：75
请输入C语言成绩：75
修改成功！
是否继续修改其他学生信息？（y/n）：n
```

图 7-7　修改学生信息界面效果图

学生成绩排名界面效果如图 7-8 所示。

```
请选择：5
  ID        名字              英语成绩           Python成绩          C语言成绩          总成绩
 1001      学生1               75                 75                 75               225
 1002      学生2               89                 77                 85               251
 1003      学生3               45                 65                 67               177
 1004      学生4               83                 66                 65               214
请选择（0升序；1降序）：0
请选择排序方式（1按英语成绩排序；2按Python成绩排序；3按C语言成绩排序；0按总成绩排序）：3
  ID        名字              英语成绩           Python成绩          C语言成绩          总成绩
 1004      学生4               83                 66                 65               214
 1003      学生3               45                 65                 67               177
 1001      学生1               75                 75                 75               225
 1002      学生2               89                 77                 85               251
```

图 7-8　学生成绩排名界面效果图

删除、统计、退出界面的效果如图 7-9 至图 7-11 所示。

```
请选择：3
请输入要删除的学生ID：1001
ID为 1001 的学生信息已经被删除...
是否继续删除？（y/n）:n
```

图 7-9　删除学生信息界面效果图

```
请选择：6
一共有 4 名学生！
```

图 7-10　统计学生总人数界面效果图

```
请选择：0
您已退出学生成绩管理系统！
```

图 7-11　退出系统界面效果图

7.2.5　主函数设计及实现

1. 功能概述

学生信息管理系统的主函数 main()主要用于实现系统的主界面。在主函数 main()中，调用 menu()函数生成功能选择菜单，并应用 if 语句控制各个子函数的调用，从而实现对学生信息的录入、查询、显示、修改、排序和统计等功能。

2. 业务流程

主函数的业务流程如图 7-12 所示。

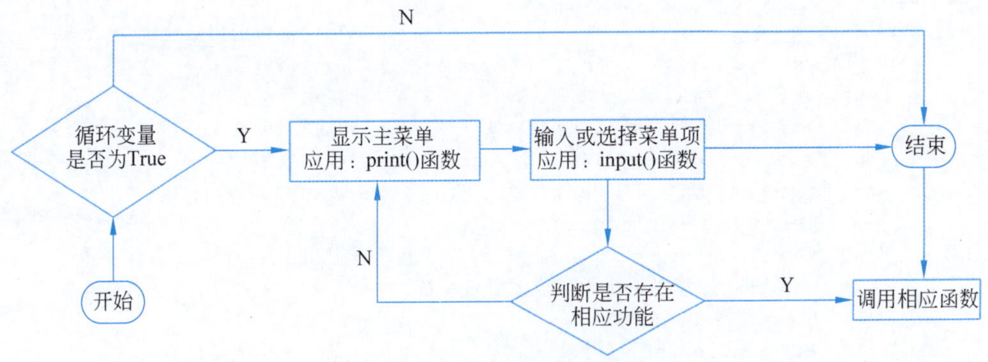

图 7-12　主函数的业务流程图

3. 业务实现

运行学生信息管理系统，首先进入主功能菜单的选择界面，这里列出了程序中的所有功能，用户可以根据需要输入要执行的功能对应的数字编号，或者按键盘上的<↑>键或<↓>键进入对应的子功能。

其次，在 menu()函数中主要使用 print()函数在控制台输出文字和特殊字符组成的功能菜单。当用户输入功能编号或者选择相应的功能后，程序会根据用户选择的功能编号(如果是通过<↑>键或<↓>键选择的功能，程序会自动提取对应的数字)调用不同的函数。

菜单中的数字表示的具体功能如表 7-1 所示。

表 7-1　菜单中的数字表示的功能

编　号	功　能
0	退出系统
1	录入学生信息，调用 insert()函数
2	查找学生信息，调用 search()函数
3	删除学生信息，调用 delete()函数
4	修改学生信息，调用 modify()函数
5	学生成绩排名，调用 sort()函数
6	统计学生总人数，调用 total()函数
7	显示所有学生信息，调用 show()函数

代码参考如下：

```
#文件名称:studentsystem.py
#开发工具:VScode 或者 PyCharm 或者 Python 3.8 IDLE 开发环境
import re                                    #导入正则表达式模块
import os                                    #导入操作系统模块

#定义保存学生信息的文件名
```

```
filename = "students.txt"

def main():
    ctrl = True                                        #标记是否退出系统
    while ctrl:
        menu()                                         #显示菜单
        option = input("请选择:")                       #选择菜单项
        option_str = re.sub("\D", "", option)          #提取数字
        if option_str in ['0', '1', '2', '3', '4', '5', '6', '7']:
            option_int = int(option_str)
            if option_int == 0:                        #退出系统
                print('您已退出学生成绩管理系统!')
                ctrl = False
            elif option_int == 1:                      #录入学生成绩信息
                insert()
            elif option_int == 2:                      #查找学生成绩信息
                search()
            elif option_int == 3:                      #删除学生成绩信息
                delete()
            elif option_int == 4:                      #修改学生成绩信息
                modify()
            elif option_int == 5:                      #排序
                sort()
            elif option_int == 6:                      #统计学生总数
                total()
            elif option_int == 7:                      #显示所有学生信息
                show()
```

4. 显示主菜单

在主函数 main()中调用 menu()函数,用于显示功能菜单。示例代码如下:

```
defmenu():
#输出菜单
print('''
╔———————学生信息管理系统————————╗
| |
|===============功能菜单=============== |
| |
| 1 录入学生信息 |
| 2 查找学生信息 |
| 3 删除学生信息 |
| 4 修改学生信息 |
| 5 学生成绩排名 |
| 6 统计学生总人数 |
| 7 显示所有学生信息 |
| 0 退出系统 |
|========================================== |
| 说明:通过数字键或↑↓方向键选择菜单 |
╚——————————————————————————╝
''')
```

7.3　学生信息维护模块

在学生信息管理系统中，学生信息维护模块用于维护学生信息，包括录入学生信息、修改学生信息和删除学生信息，这些学生信息会保存到磁盘文件。其中，用户在功能选择界面中输入数字“1”（或者使用<↑>键或<↓>键选择“1 录入学生信息”菜单项），即可进入录入学生信息功能，在这里可以批量录入学生信息，并保存到磁盘文件中。

1）录入功能

（1）功能概述

录入学生信息功能主要就是获取用户在控制台上输入的学生信息，并且把它们保存到磁盘文件中，从而达到永久保存的目的。例如，在功能菜单上输入功能编号1，并且按Enter键，系统将分别提示输入学生编号、学生名字、英语成绩、Python成绩和C语言成绩的信息，输入正确的信息后，系统会提示是否继续添加。输入y，系统将再次提示用户输入学生信息；输入n，系统将录入的学生信息保存到文件中。

（2）业务流程

在实现录入学生信息功能时，先要梳理出它的业务流程和实现技术。录入学生信息的业务流程和实现技术如图7-13所示。

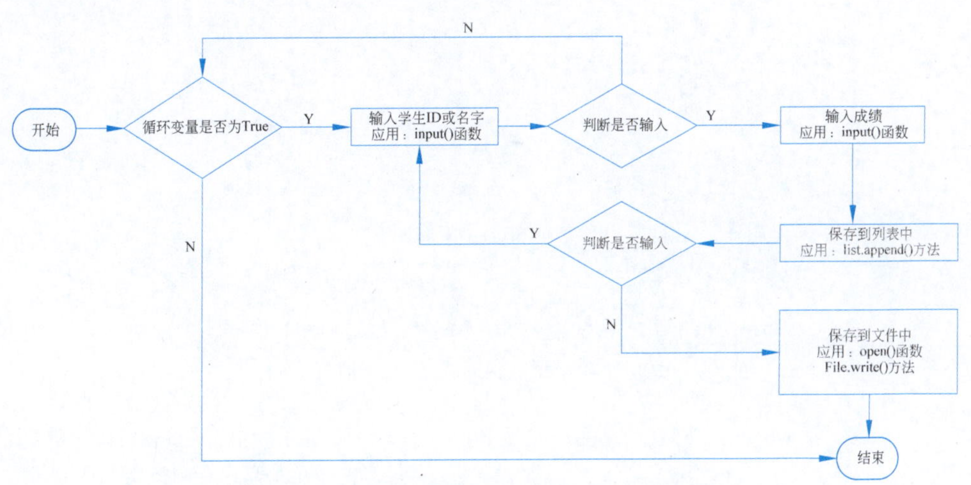

图7-13　录入学生信息的业务流程和实现技术

（3）具体实现

编写一个向文件中写入指定内容的函数，将其命名为save()，该函数有一个列表类型的参数，用于指定要写入的内容。save()函数的具体代码如下：

```
#将学生信息保存到文件
def save(student):
    try:
        students_txt=open(filename,"a")  #以追加模式打开
    except Exception as e:
        students_txt=open(filename,"w")  #文件不存在，创建文件并打开
    for info in student:
```

```
        students_txt.write(str(info)+"\n")          #按行存储,添加换行符
    students_txt.close()                            #关闭文件
```

在上面的代码中,将以追加模式打开一个文件,并且应用 try...except 语句捕获异常。如果出现异常,则说明没有要打开的文件,这时再以写模式创建并打开文件,接下来通过 for 语句将列表中的元素一行一行地写入文件,每行结束处添加换行符。

编写主函数中调用的录入学生信息的函数 insert()。在该函数中,先定义一个保存学生信息的空列表,然后设置一个 while 循环,在该循环中通过 input()函数要求用户输入学生信息(包括学生编号、名字、英语成绩、Python 成绩和 C 语言成绩),如果这些内容都符合要求,则将它们保存到字典中,再将该字典添加到列表中,并且询问是否继续录入;如果不再录入,则结束 while 循环,并调用 save()函数,将录入的学生信息保存到文件中。

insert()函数的具体代码如下:

```
'''1 录入学生信息'''
def insert():
    stdentList = []                                 #保存学生信息的列表
    mark = True                                     #是否继续添加
    while mark:
        id = input("请输入 ID(如 1001):")
        if not id:                                  #ID 为空,跳出循环
            break
        name = input("请输入名字:")
        if not name:                                #名字为空,跳出循环
            break
        try:
            english = int(input("请输入英语成绩:"))
            python = int(input("请输入 Python 成绩:"))
            c = int(input("请输入 C 语言成绩:"))
        except:
            print("输入无效,不是整型数值....重新录入信息")
            continue
        stdent = {"id": id, "name": name, "english": english, "python": python,
"c": c}                                             #将输入的学生信息保存到字典
        stdentList.append(stdent)                   #将学生字典添加到列表中
        inputMark = input("是否继续添加?(y/n):")
        if inputMark == "y":                        #继续添加
            mark = True
        else:                                       #不继续添加
            mark = False
    save(stdentList)                                #将学生信息保存到文件
    print("学生信息录入完毕!!!")
```

在上面的代码中,设置一个标记变量 mark,用于控制是否退出循环。执行录入学生信息后,将在项目的根目录中创建一个名称为 students.txt 的文件,该文件中保存着学生信息。例如,输入两条信息后,students.txt 文件的内容如图 7-14 所示。

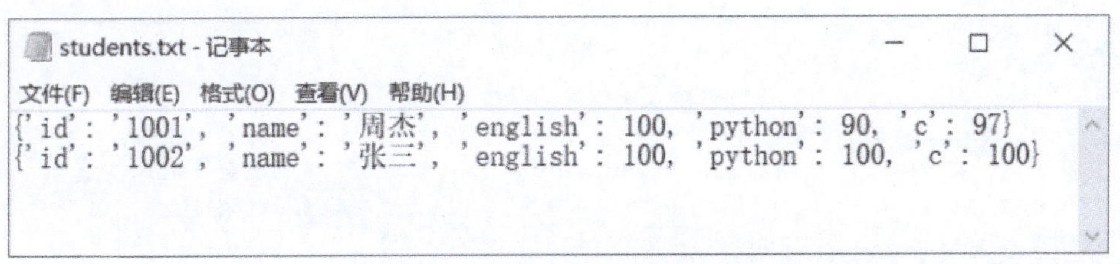

图 7-14　students.txt 文件的内容

2）删除功能

（1）功能概述

删除学生信息功能主要是指用户在控制台上输入学生 ID，到磁盘文件中找到对应的学生信息，并将其删除。例如，在功能菜单上输入功能编号“3”，并且按 Enter 键，系统将提示输入要删除学生的编号，输入相应的学生 ID 后，系统会直接从文件中删除该学生信息，并且提示是否继续删除。输入 y，系统将会再次提示用户输入要删除的学生编号；输入 n，则退出删除功能。

（2）业务流程

在实现删除学生信息功能时，先要梳理出它的业务流程和实现技术。根据要实现的功能，设计出如图 7-15 所示的业务流程和实现技术。

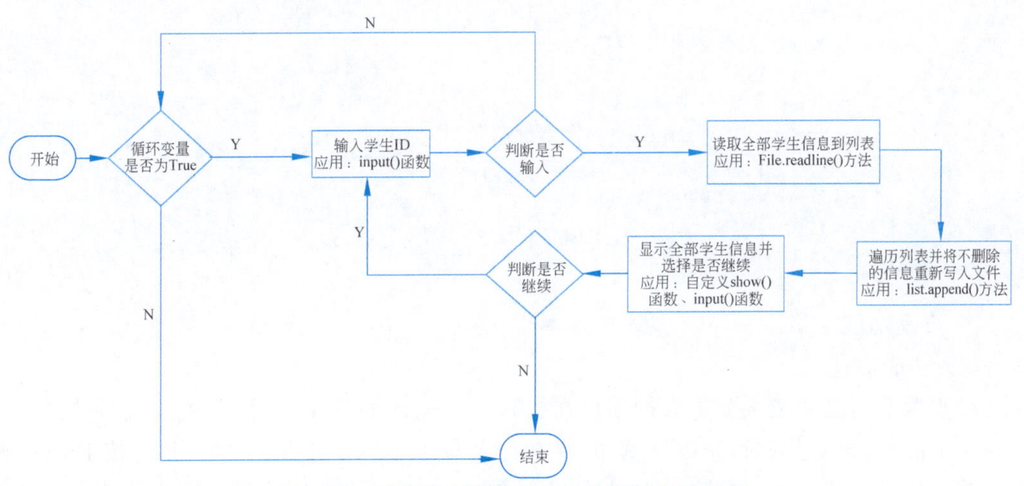

图 7-15　删除学生信息的业务流程和实现技术

（3）具体实现

编写主函数中调用的删除学生信息的函数 delete()，在该函数中，设置一个 while 循环，在该循环中，首先通过 input()函数要求用户输入要删除的学生 ID；然后以只读模式打开保存学生信息的文件，并且读取其内容，保存到一个列表中；再以写模式打开保存学生信息的文件，并且遍历保存学生信息的列表，将每个元素转换为字典，从而方便用户根据输入的学生 ID 判断其是否为要删除的信息。

如果不是要删除的信息，则将其重新写入文件。delete()函数的具体代码如下：

```
'''3 删除学生成绩信息'''
def delete():
```

```
    mark = True                                    #标记是否循环
    while mark:
        studentId = input("请输入要删除的学生 ID:")
        if studentId != "":                        #判断要删除的学生是否存在
            if os.path.exists(filename):           #判断文件是否存在
                with open(filename, 'r') as rfile: #打开文件
                    student_old = rfile.readlines()  #读取全部内容
            else:
                student_old = []
            ifdel = False                          #标记是否删除
            if student_old:                        #如果存在学生信息
                with open(filename, 'w') as wfile: #以写方式打开文件
                    d = {}                         #定义空字典
                    for list in student_old:
                        d = dict(eval(list))       #字符串转字典
                        if d['id'] != studentId:
                            wfile.write(str(d) + "\n")  #将一条学生信息写入文件
                        else:
                            ifdel = True           #标记已经删除
                    if ifdel:
                        print("ID 为%s 的学生信息已经被删除..." % studentId)
                    else:
                        print("没有找到 ID 为%s 的学生信息..." % studentId)
            else:                                  #不存在学生信息
                print("无学生信息...")
                break                              #退出循环
            show()                                 #显示全部学生信息
            inputMark = input("是否继续删除?(y/n):")
            if inputMark == "y":
                mark = True                        #继续删除
            else:
                mark = False                       #退出删除学生信息功能
```

3）修改功能

(1) 功能概述

修改学生信息功能主要是根据用户在控制台上输入的学生编号，从磁盘文件中找到对应的学生信息，再对其进行修改。例如，在功能菜单上输入功能编号“4”，并且按 Enter 键，系统首先显示全部学生信息列表，再提示用户输入要修改的学生编号。输入相应的学生编号后，系统会在文件中查找该学生信息，如果找到，则提示修改相应的信息，否则不修改，最后提示是否继续修改。输入 y，系统将会再次提示用户输入要修改的学生编号；输入 n，则退出修改功能。

(2) 业务流程

在实现修改学生信息功能时，先要梳理出它的业务流程和实现技术，如图 7-16 所示。

(3) 具体实现

编写主函数中调用的修改学生信息的函数 modify()。在该函数中，调用 show()函数显示全部学生信息，之后再判断保存学生信息的文件是否存在。如果存在，则以只读模式打开文件，并读取全部学生信息，保存到列表中，否则返回。接下来提示用户输入要修改的学生编号，并且以只写模式打开文件。打开文件后，遍历保存学生信息的列表，将每个元素转

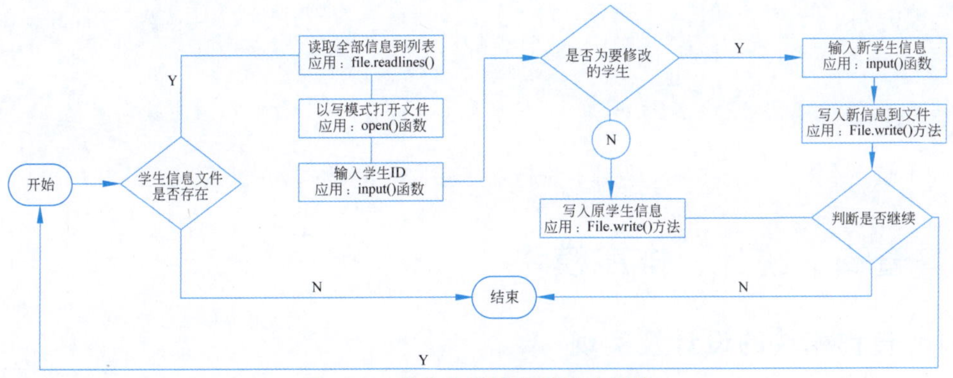

图 7-16　学生信息管理系统功能图

换为字典，再根据输入的学生编号判断其是否为要修改的信息。如果是要修改的信息，则提示用户输入新的信息，并保存到文件，否则直接将其写入文件。modify()函数的具体代码如下：

```
'''4 修改学生成绩信息'''
def modify():
    show()                                      #显示全部学生信息
    if os.path.exists(filename):                #判断文件是否存在
        with open(filename, 'r') as rfile:      #打开文件
            student_old = rfile.readlines()     #读取全部内容
    else:
        return
    studentid = input("请输入要修改的学生 ID:")
    with open(filename, "w") as wfile:          #以写模式打开文件
        for student in student_old:
            d = dict(eval(student))             #字符串转字典
            if d["id"] == studentid:            #是否为要修改的学生
                print("找到了这名学生,可以修改他的信息!")
                while True:                     #输入要修改的信息
                    name = input("请输入姓名:")
                    english = int(input("请输入英语成绩:"))
                    python = int(input("请输入 Python 成绩:"))
                    c = int(input("请输入 C 语言成绩:"))
                    try:
                        d["name"] = name
                        d["english"] = english
                        d["python"] = python
                        d["c"] = c
                    except:
                        print("您的输入有误,请重新输入。")
                    else:
                        break                   #跳出循环
                student = str(d)                #将字典转换为字符串
                wfile.write(student + "\n")     #将修改的信息写入文件
                print("修改成功!")
            else:
```

```
            wfile.write(student)                    #将未修改的信息写入文件
    mark = input("是否继续修改其他学生信息?(y/n):")
    if mark == "y":
        modify()                                    #重新执行修改操作
```

在上面的代码中,eval()函数用于执行一个字符串表达式,并且返回表达式的值。

7.4 查询、统计、排序模块

7.4.1 查询模块的设计及实现

1. 功能概述

查询学生信息功能主要是根据用户在控制台上输入的学生编号或姓名,到磁盘文件中找到对应的学生信息。例如,在功能菜单上输入功能编号"2",并且按 Enter 键,系统将要求用户选择是按学生编号查询还是按学生姓名查询,如果用户输入"1",则要求用户输入学生编号,表示按学生编号查询,接着输入想要查询的学生编号,系统查找该学生信息,如果找到则显示,否则显示"(o@.@o)无数据信息(o@.@o)",最后提示是否继续查找,输入 y,系统将再次提示用户选择查找方式;输入 n,则退出查找学生信息功能。

2. 业务流程

在实现查询学生信息功能时,先要梳理出它的业务流程和实现技术。根据要实现的功能,设计出如图 7-17 所示的业务流程和实现技术。

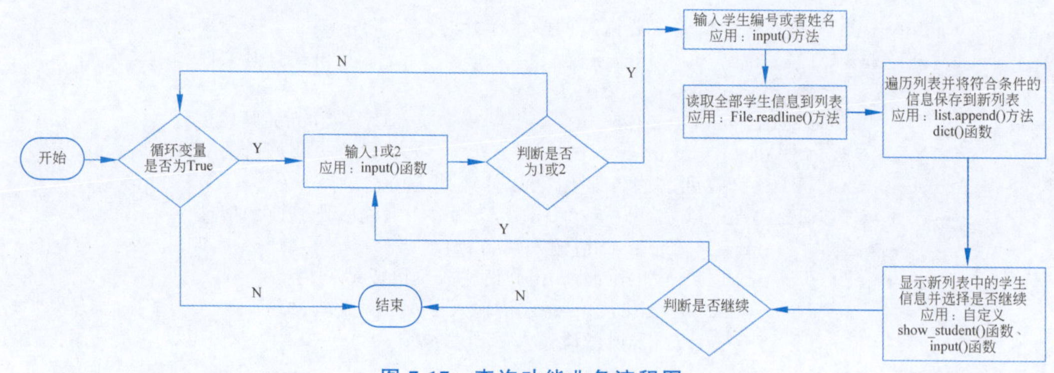

图 7-17 查询功能业务流程图

3. 具体实现

编写主函数中调用的查找学生信息的函数 search()。在该函数中,设置一个循环并在该循环中先判断保存学生信息的文件是否存在,如果不存在,则给出提示并返回,否则提示用户选择查询方式;然后根据选择的方式到保存学生信息的文件中查找对应的学生信息,并且调用 show_student()函数将查询结果进行显示。search()函数的具体代码如下:

```
'''2 查找学生成绩信息'''
def search():
    mark = True
    student_query = []                              #保存查询结果的学生列表
```

```
    while mark:
        id = ""
        name = ""
        if os.path.exists(filename):                    #判断文件是否存在
            mode = input("按 ID 查输入 1;按姓名查输入 2:")
            if mode == "1":
                id = input("请输入学生 ID:")
            elif mode == "2":
                name = input("请输入学生姓名:")
            else:
                print("您的输入有误,请重新输入!")
                search()                                #重新查询
            with open(filename, 'r') as file:           #打开文件
                student = file.readlines()              #读取全部内容
                for list in student:
                    d = dict(eval(list))                #字符串转字典
                    if id != "":                        #判断是否按 ID 查
                        if d['id'] == id:
                            student_query.append(d)  #将找到的学生信息保存到列表
                    elif name != "":                    #判断是否按姓名查
                        if d['name'] == name:
                            student_query.append(d)  #将找到的学生信息保存到列表
                show_student(student_query)             #显示查询结果
                student_query.clear()                   #清空列表
                inputMark = input("是否继续查询?(y/n):")
                if inputMark == "y":
                    mark = True
                else:
                    mark = False
        else:
            print("暂未保存数据信息...")
            return
```

在上述代码中,调用了 show_student()函数,用于按指定格式显示获取的列表。show_student()函数的具体代码如下:

```
#将保存在列表中的学生信息显示出来
def show_student(studentList):
    if not studentList:
        print("(o@.@o)无数据信息(o@.@o)\n")
        return
    format_title = "{:^6}{:^12}\t{:^8}\t{:^10}\t{:^10}\t{:^10}"
    print(format_title.format("ID", "名字", "英语成绩", "Python 成绩", "C 语言成
绩", "总成绩"))
    format_data = "{:^6}{:^12}\t{:^12}\t{:^12}\t{:^12}\t{:^12}"
    for info in studentList:
        print(format_data.format(info.get("id"), info.get("name"), str(info.
get("english")), str(info.get("python")), str(info.get("c")), str(info.get(
"english") + info.get("python") + info.get("c")).center(12)))
```

在上面的代码中,使用了字符串的 format()方法对其进行格式化。其中,在指定字符串的显示格式时,数字表示所占宽度,符号“^”表示居中对齐,“\t”表示添加一个制表符。

7.4.2 统计模块的设计及实现

1. 功能概述

统计学生总人数功能主要是统计学生信息文件中保存的学生信息个数。例如，在功能菜单上选择“6 统计学生总人数”菜单项，并且按 Enter 键，系统将自动统计出学生总人数并显示。

2. 业务流程

在实现统计学生总人数功能时，先要梳理出它的业务流程和实现技术，如图 7-18 所示。

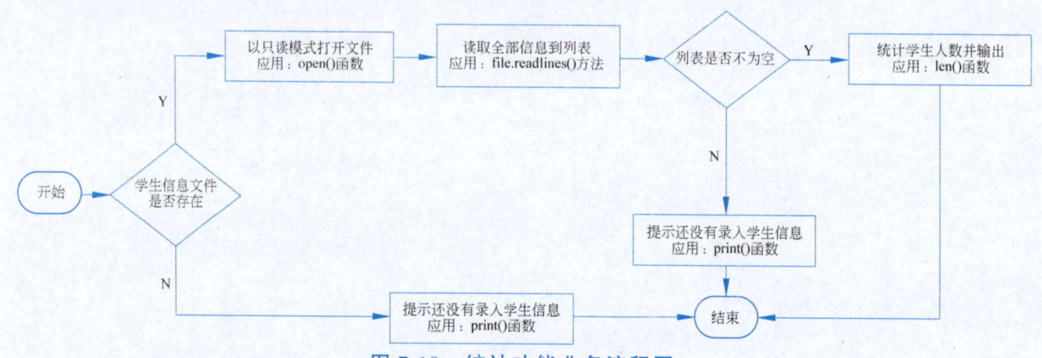

图 7-18 统计功能业务流程图

3. 具体实现

编写主函数中调用的统计学生总人数的函数 total()。在该函数中，添加一个 if 语句，用于判断保存学生信息的文件是否存在，如果存在，则以只读模式打开该文件，读取该文件的全部内容并保存到一个列表中，然后应用 len()函数统计该列表的元素个数，即可得到学生的总人数。total()函数的具体代码如下：

```
'''6 统计学生总人数'''
def total():
    if os.path.exists(filename):                         #判断文件是否存在
        with open(filename, 'r') as rfile:              #打开文件
            student_old = rfile.readlines()             #读取全部内容
            if student_old:
                print("一共有%d 名学生!" % len(student_old))
            else:
                print("还没有录入学生信息!")
    else:
        print("暂未保存数据信息...")
```

7.4.3 显示所有学生信息模块的设计及实现

1. 功能概述

显示所有学生信息功能主要是获取并显示学生信息文件中保存的全部学生信息。例如，在功能菜单上选择“7 显示所有学生信息”菜单项，并且按 Enter 键，系统将获取并显示全部学生信息。

2. 业务流程

在实现显示所有学生信息功能时，先要梳理出它的业务流程和实现技术，如图 7-19 所示。

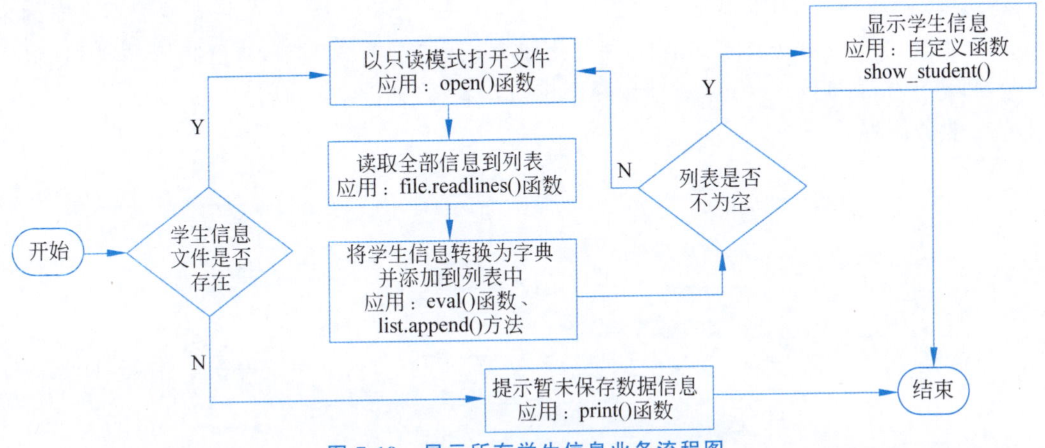

图 7-19　显示所有学生信息业务流程图

3. 具体实现

编写主函数中调用的显示学生信息的函数 show()。在该函数中，添加一个 if 语句，用于判断保存学生信息的文件是否存在，如果存在，则以只读模式打开该文件，读取该文件的全部内容并保存到一个列表中，然后遍历该列表，并将其元素转换为字典，再添加到一个新列表中，最后调用 show_student()函数将新列表中的信息显示出来。show()函数的具体代码如下：

```
'''7 显示所有学生信息'''
def show():
    student_new = []
    if os.path.exists(filename):                       #判断文件是否存在
        with open(filename, 'r') as rfile:             #打开文件
            student_old = rfile.readlines()            #读取全部内容
        for list in student_old:
            student_new.append(eval(list))             #将找到的学生信息保存到列表
        if student_new:
            show_student(student_new)
    else:
        print("暂未保存数据信息...")
```

在上面的代码中，调用 show_student()函数将学生信息显示在控制台上，show_student()函数已经在创建时完成。

7.4.4　排序模块的设计及实现

1. 排序模块概述

在学生信息管理系统中，排序模块用于对学生信息按成绩进行排序，主要包括按英语成绩、Python 成绩、C 语言成绩和总成绩按升序或降序排列。其中，当用户在功能选择界面中输入数字“5”或者使用↑或↓方向键选择“5 学生成绩排名”菜单项时，即可使用排序功能。

这里先按录入顺序显示学生信息(不排序),然后要求用户选择排序方式,并根据选择方式进行排序显示。

按学生成绩排序功能主要是对学生信息按英语成绩、Python 成绩、C 语言成绩或总成绩按升序或降序排列。例如,输入功能编号“5”,并且按 Enter 键,系统将先显示不排序的全部学生信息,然后提示选择按编程语言的排序方式(这里输入“2”),再选择降序排列(输入“1”),将对学生信息按 Python 成绩按降序排列并显示,如图 7-20 所示。

2. 业务流程

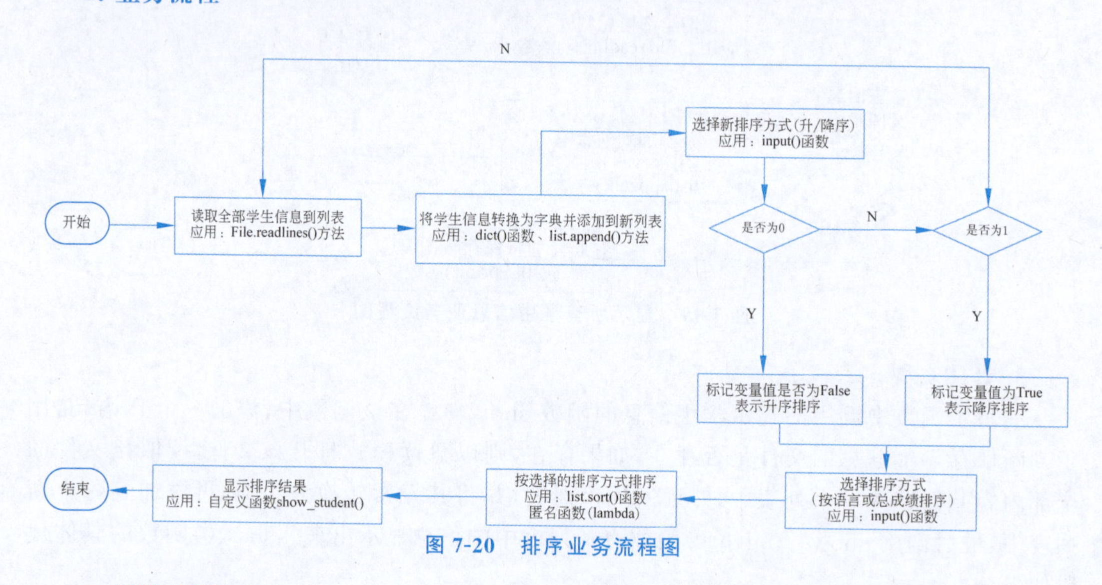

图 7-20 排序业务流程图

3. 具体实现

编写主函数中调用的排序函数 sort()。在该函数中,首先判断保存学生信息的文件是否存在,如果存在,则打开该文件读取全部学生信息,并将每一个学生信息转换为字典并保存到一个新的列表中,然后获取用户输入的排序方式,再根据选择结果进行相应的排序,最后调用 show_student()函数显示排序结果。sort()函数的具体代码如下:

```
'''5 学生成绩排名'''
def sort():
    show()                                          #显示全部学生信息
    if os.path.exists(filename):                    #判断文件是否存在
        with open(filename, 'r') as file:           #打开文件
            student_old = file.readlines()          #读取全部内容
            student_new = []
        for list in student_old:
            d = dict(eval(list))                    #字符串转字典
            student_new.append(d)                   #将转换后的字典添加到列表
    else:
        return
    ascORdesc = input("请选择(0 升序;1 降序):")
    if ascORdesc == "0":                            #按升序排序
        ascORdescBool = False                       #标记变量,为 False 表示升序排序
    elif ascORdesc == "1":                          #按降序排序
        ascORdescBool = True                        #标记变量,为 True 表示降序排序
```

```
        else:
            print("您的输入有误,请重新输入!")
            sort()
    mode = input("请选择排序方式(1 按英语成绩排序;2 按 Python 成绩排序;3 按 C 语言成绩
排序;0 按总成绩排序):")
    if mode == "1":                                    #按英语成绩排序
        student_new.sort(key=lambda x: x["english"], reverse=ascORdescBool)
    elif mode == "2":                                  #按 Python 成绩排序
        student_new.sort(key=lambda x: x["python"], reverse=ascORdescBool)
    elif mode == "3":                                  #按 C 语言成绩排序
        student_new.sort(key=lambda x: x["c"], reverse=ascORdescBool)
    elif mode == "0":                                  #按总成绩排序
        student_new.sort(key= lambda x: x["english"] + x["python"] + x["c"],
reverse=ascORdescBool)
    else:
        print("您的输入有误,请重新输入!")
        sort()
    show_student(student_new)                          #显示排序结果
```

在上面的代码中,调用列表的 sort()方法实现了排序,在排序时,通过 lambda 表达式指定排序规则。例如,代码中的 key=lambda x:x["english"]表示按字典的 english 键进行排序;"reverse=ascORdescBool"表示是否按降序排序,标记变量 ascORdescBool 的值为 True,表示按降序排序。

本章小结

本章主要介绍了 Python 的 re(正则表达式)模块中常用的正则表达式处理函数,以及 os(操作系统)模块的使用,还介绍了项目的开发流程,并根据此流程,结合相关模块的使用,完成了一个学生成绩管理系统的综合项目。建议读者先行练习此项目,等到熟练后,可根据自己的实际需要开发性能更完善的中大型工业项目。

课后习题

一、简答题

1. 请简述 re 模块和 os 模块的功能,并各列举 3 个常用的函数。
2. 请简述学生信息管理系统的 7 大功能模块及各模块调用的函数。

二、编程题

编写 Python 程序,利用数据库编程的相关知识设计学生信息管理系统,为用户提供便捷的访问和查询功能。

学生信息管理系统主要功能包括:

① 添加学生信息,包括学生姓名、学号、年龄、专业;

② 根据学号删除指定学生信息;

③ 根据学号查看指定学生信息;

④ 根据学号修改指定学生信息;

⑤ 查看所有学生信息。

学生信息管理系统的功能参考效果图如图 7-21 所示。

```
    1.添加学生信息
    2.删除学生信息
    3.查看指定学生信息
    4.修改学生信息
    5.查看所有学生信息

请输入功能编号>>>:1
请输入学生姓名：李四
请输入学生学号：2220000079
请输入学生年龄：20
请输入学生专业：应用统计学
学生信息已添加成功！

    1.添加学生信息
    2.删除学生信息
    3.查看指定学生信息
    4.修改学生信息
    5.查看所有学生信息

请输入功能编号>>>:5
ID:  1
姓名:  张三
学号:  2120220012
年龄:  21
专业:  数据科学与大数据技术
--------------------
ID:  2
姓名:  李四
学号:  2220000079
年龄:  20
专业:  应用统计学
--------------------
```

```
请输入功能编号>>>:4
请输入要修改的学生学号：2220000079
请输入新的学生姓名：王五
请输入新的学生年龄：20
请输入新的学生专业：数据科学与大数据技术
学生信息已更新！

    1.添加学生信息
    2.删除学生信息
    3.查看指定学生信息
    4.修改学生信息
    5.查看所有学生信息

请输入功能编号>>>:5
ID:  1
姓名:  张三
学号:  2120220012
年龄:  21
专业:  数据科学与大数据技术
--------------------
ID:  2
姓名:  王五
学号:  2220000079
年龄:  20
专业:  数据科学与大数据技术
--------------------
```

```
    1.添加学生信息
    2.删除学生信息
    3.查看指定学生信息
    4.修改学生信息
    5.查看所有学生信息

请输入功能编号>>>:3
请输入要查询的学生学号：2120220012
ID:  1
姓名:  张三
学号:  2120220012
年龄:  21
专业:  数据科学与大数据技术

    1.添加学生信息
    2.删除学生信息
    3.查看指定学生信息
    4.修改学生信息
    5.查看所有学生信息

请输入功能编号>>>:2
请输入要删除的学生学号：2220000079
学生信息已删除！

    1.添加学生信息
    2.删除学生信息
    3.查看指定学生信息
    4.修改学生信息
    5.查看所有学生信息

请输入功能编号>>>:5
ID:  1
姓名:  张三
学号:  2120220012
年龄:  21
专业:  数据科学与大数据技术
--------------------
```

图 7-21 学生信息管理系统参考效果图

参考文献

[1] 刘凡馨,夏帮贵. Python 3 基础教程：慕课版[M]. 2 版. 北京：人民邮电出版社,2020.

[2] 刘凡馨,夏帮贵. Python 3 基础教程实验指导与习题集：微课版[M]. 北京：人民邮电出版社,2020.

[3] 李佳宇. Python 零基础入门学习[M]. 北京：清华大学出版社,2018.

[4] Magnus Lie Hetland. Python 基础教程[M]. 袁国忠,译. 3 版. 北京：人民邮电出版社,2018.

[5] 江红,余青松. Python 程序设计与算法基础教程[M]. 北京：清华大学出版社,2017.

[6] 嵩天,礼欣,黄天羽. Python 程序设计基础[M]. 2 版. 北京：高等教育出版社,2017.

[7] 夏敏捷,张西广. Python 程序设计应用教程[M]. 北京：中国铁道出版社,2018.

[8] 董付国. Python 程序设计[M]. 2 版. 北京：清华大学出版社,2016.

[9] 邓英,夏帮贵. Python 3 基础教程[M]. 北京：人民邮电出版社,2016.

[10] 黑马程序员. Python 快速编程入门[M]. 北京：人民邮电出版社,2017.

[11] Wesley Chun. Python 核心编程[M]. 孙波翔,等译. 3 版. 北京：人民邮电出版社,2016.

图书资源支持

感谢您一直以来对清华版图书的支持和爱护。为了配合本书的使用，本书提供配套的资源，有需求的读者请扫描下方的“书圈”微信公众号二维码，在图书专区下载，也可以拨打电话或发送电子邮件咨询。

如果您在使用本书的过程中遇到了什么问题，或者有相关图书出版计划，也请您发邮件告诉我们，以便我们更好地为您服务。

我们的联系方式：

清华大学出版社计算机与信息分社网站：https://www.shuimushuhui.com/

地　　址：北京市海淀区双清路学研大厦 A 座 714

邮　　编：100084

电　　话：010-83470236　010-83470237

客服邮箱：2301891038@qq.com

QQ：2301891038（请写明您的单位和姓名）

资源下载：关注公众号“书圈”下载配套资源。

资源下载、样书申请

书圈

图书案例

清华计算机学堂

观看课程直播